工业和信息化精品系列教材

云计算技术

Cloud Computing Technology

微课版

云计算

导论

U0381738

荆于勤 石慧霞 ◎主编

吴锡微 龚秀波 姚骏屏 ◎副主编

人民邮电出版社

北 京

图书在版编目（CIP）数据

云计算导论：微课版 / 荆于勤，石慧霞主编.
北京 ：人民邮电出版社，2024. --（工业和信息化精品
系列教材）. -- ISBN 978-7-115-64753-5

Ⅰ. TP393.027

中国国家版本馆 CIP 数据核字第 2024KG7448 号

内 容 提 要

本书是一本全面介绍云计算基本概念、常用技术与应用的项目化教材。全书分为 3 篇，分别是初识云计算、体验云计算和业务上云实战，共包括 9 个项目，分别是遇见云计算、初探虚拟化、体验公有云、体验私有云、体验容器云、体验云存储、体验云应用、Web 网站上云和构建高可用云应用。本书私有云项目基于 OpenStack 云平台，公有云项目基于华为云平台。

本书可作为高校计算机相关专业的教材，也可作为广大计算机爱好者自学云计算的参考书，还可作为云计算相关竞赛和培训的入门指导手册或参考资料。

◆ 主　　编　荆于勤　石慧霞
　副 主 编　吴锡微　龚秀波　姚骏屏
　责任编辑　顾梦宇
　责任印制　王　郁　焦志炜

◆ 人民邮电出版社出版发行　　北京市丰台区成寿寺路 11 号
　邮编　100164　电子邮件　315@ptpress.com.cn
　网址　https://www.ptpress.com.cn
　北京市艺辉印刷有限公司印刷

◆ 开本：787×1092　1/16
　印张：14　　　　　　　　　　2024 年 9 月第 1 版
　字数：393 千字　　　　　　　2024 年 9 月北京第 1 次印刷

定价：59.80 元

读者服务热线：(010)81055256　印装质量热线：(010)81055316
反盗版热线：(010)81055315
广告经营许可证：京东市监广登字 20170147 号

前言

党的二十大报告中指出："教育、科技、人才是全面建设社会主义现代化国家的基础性、战略性支撑。必须坚持科技是第一生产力、人才是第一资源、创新是第一动力，深入实施科教兴国战略、人才强国战略、创新驱动发展战略，开辟发展新领域新赛道，不断塑造发展新动能新优势。"云计算作为科技发展的"新领域新赛道"，是大数据、物联网、人工智能等新技术的发展基础和重要推动引擎，亟须大量的专业人才投身到云计算行业中。在此背景下，能够熟练应用云计算技术已经成为现代 IT 从业者必备的工作技能之一。为了让更多的人能够了解与应用云计算，本书设计了数个云计算的常见应用项目，带领读者一步步揭开云计算的神秘"面纱"。

全书共 3 篇，上篇为"初识云计算"，中篇为"体验云计算"，下篇为"业务上云实战"。本书将带领读者从接触云计算开始，逐个体验主流的云计算技术，最后带领读者在公有云上构建一个可实际应用的云上应用。读者在这一过程中可以领略云计算技术给现代 IT 发展带来的变革性的推动作用，加深对云计算专业的认识，提高对云计算的学习兴趣，为以后进一步进行专业学习奠定良好基础。在"初识云计算"篇中，介绍云计算入门需要了解的重要概念、虚拟化技术，以及如何使用常见虚拟化工具来创建、使用与管理虚拟机。在"体验云计算"篇中，带领读者体验公有云、私有云、容器云、云存储和两个人工智能云应用。在"业务上云实战"篇中，带领读者从公有云的镜像市场中选择镜像来生成云主机，配合云数据库一起构建一个论坛网站；随后应用公有云提供的弹性伸缩和负载均衡将该网站改造成一个高可用的云应用。公有云项目均采用华为云作为载体，同时本书提供相应的实验镜像，带领读者实践云镜像与服务器的创建及管理、Kubernetes 容器云的应用、云数据库的应用、对象云存储的应用、弹性伸缩与负载均衡的应用等公有云的常见操作；在"体验私有云"项目中，本书提供了一个已经搭建好的 OpenStack 私有云平台，在该平台上读者可以进行云主机创建与管理的基本操作；在"体验云应用"项目中，读者将通过两个云应用"文心一言"和"文心一格"实现文档创作和图像创作，在此过程中可以体验到在云计算技术支持下的人工智能发展的"中国速度"。

本书以党的二十大报告提出的"必须坚持人民至上""必须坚持自信自立""必须坚持守正创新""必须坚持问题导向""必须坚持系统观念""必须坚持胸怀天下"的立场观点方法为指导进行项目化课程设计。编者将基于多年云计算专业的教学经验、相关企业的一线工作经验，以及云计算大赛的指导经验，从初学者的视角出发，力求让枯燥的专业知识更加贴近读者的日常生活，让读者在阅读完本书后可以达到"愿意学""学得进""见成果"的效果。本书从以下 4 个层面融入德技并修的育人、育才理念。

（1）必须坚持自信自立，以专业鼓舞人。通过介绍云计算作为我国战略性新兴产业在国内的飞速发展表现我国科技发展的迅猛势头，让读者"坚持对马克思主义的坚定信仰、对中国特色社会主义的坚定信念，坚定道路自信、理论自信、制度自信、文化自信"。

（2）必须坚持守正创新，以情景感染人。介绍大学生小王的学习过程，将他树立为榜样，向读者展现当代大学生应有的求知欲和创新精神，鼓励读者以科学的态度对待科学、以真理的精神追求真理，紧跟时代步伐，顺应实践发展，以满腔热忱对待一切新生事物，不断拓展认识的广度和深度。

（3）必须坚持问题导向与系统观念，以案例说服人。通过类比方式将育人、育才理念融入案例，本书在每一个项目的引例描述部分均以政策法规或热点时事导出问题，让读者从"遵纪守法""数据安全""和谐发展"

"节约资源"等多角度、多维度进行思考，以达到"润物细无声"的教育效果。

（4）必须坚持人民至上与胸怀天下，以项目塑造人。在整个项目实践过程中带领读者贯彻以人民为中心的发展思想，树立"敬业守信、精益求精、勇于创新"的工匠精神来造福人民，并以海纳百川的宽阔胸襟借鉴、吸收人类一切优秀文明成果，推动建设更加美好的世界。

为方便读者使用，本书每个项目实施模块均设计有"项目准备"环节，该环节将列出该项目实施所需的所有条件。本书所使用的全部开源软件、镜像文件和电子教案等资料均以附加资源的形式随书附赠，读者可在人邮教育社区（www.ryjiaoyu.com）进行下载。

本书的建议学时为 16~36 学时（建议教师采用理论实践一体化的教学模式），书中各项目的建议学时可参考学时分配表。

学时分配表

篇	项目	内容	建议学时
初识云计算	1	遇见云计算	1~2
	2	初探虚拟化	2~4
体验云计算	3	体验公有云	2~4
	4	体验私有云	2~4
	5	体验容器云	2~4
	6	体验云存储	1~2
	7	体验云应用	1~2
业务上云实战	8	Web 网站上云	2~4
	9	构建高可用云应用	2~6
		课程复习与考评	1~4
合计			16~36

本书由重庆工商职业学院的荆于勤和石慧霞担任主编，由科学咨询杂志社的吴锡微、国基北盛（南京）科技发展有限公司的龚秀波、重庆工商职业学院的姚骏屏担任副主编。荆于勤负责编写项目 1~项目 4，石慧霞负责编写项目 5 和项目 6，吴锡微负责编写项目 7，龚秀波负责编写项目 8，姚骏屏负责编写项目 9。

由于编者水平有限，书中难免存在欠妥之处，殷切希望广大读者批评与指正。同时，恳请读者一旦发现问题，及时与编者联系，编者的电子邮箱为 jingyuqin@cqtbi.edu.cn，编者将不胜感激。

编者

2024 年 4 月

目录

上篇 初识云计算

项目1

遇见云计算 ･･････････････2
学习目标 ･･････････････ 2
引例描述 ･･････････････ 2
1.1 项目陈述 ･･････････ 2
1.2 必备知识 ･･････････ 3
  1.2.1 云计算的定义 ･･････ 3
  1.2.2 云计算的特点 ･･････ 4
  1.2.3 云计算的分类 ･･････ 5
  1.2.4 生活中的云计算 ････ 6
1.3 项目实施 ･･････････ 7
  1.3.1 项目准备 ･･････････ 8
  1.3.2 调研云计算的应用 ･･ 8
  1.3.3 对云应用进行分类 ･･ 8
1.4 项目小结 ･･････････ 9
1.5 项目练习题 ････････ 9

项目2

初探虚拟化 ･･････････11
学习目标 ･･････････････11

引例描述 ･･････････････11
2.1 项目陈述 ･･････････12
2.2 必备知识 ･･････････12
  2.2.1 虚拟化技术简介 ････12
  2.2.2 常见虚拟机软件 ････12
  2.2.3 3种VMware网络模式 ････14
2.3 项目实施 ･･････････17
  2.3.1 项目准备 ･･････････17
  2.3.2 安装VMware Workstation ･････18
  2.3.3 配置虚拟机网络 ････23
  2.3.4 部署虚拟机 ･･･････26
  2.3.5 远程管理虚拟机 ････28
  2.3.6 虚拟机克隆与快照 ･･31
2.4 项目小结 ･･････････ 36
2.5 项目练习题 ････････ 36

中篇 体验云计算

项目3

体验公有云 ･････････････ 39
学习目标 ･･････････････ 39
引例描述 ･･････････････ 39
3.1 项目陈述 ･･････････ 39

3.2	必备知识	40
3.2.1	公有云简介	40
3.2.2	主流公有云	41
3.2.3	云专业名词	44
3.3	项目实施	47
3.3.1	项目准备	47
3.3.2	注册公有云平台	47
3.3.3	创建 VPC 与子网	51
3.3.4	购置弹性云服务器	53
3.3.5	登录弹性云服务器	59
3.3.6	管理弹性云服务器	62
3.4	项目小结	72
3.5	项目练习题	73

项目 4

体验私有云		**74**
学习目标		74
引例描述		74
4.1	项目陈述	75
4.2	必备知识	75
4.2.1	私有云简介	75
4.2.2	私有云软件系统简介	75
4.3	项目实施	78
4.3.1	项目准备	78
4.3.2	构建云平台	79
4.3.3	登录云平台	81
4.3.4	创建云主机	83
4.3.5	使用云主机	89
4.3.6	管理云主机	90

4.4	项目小结	93
4.5	项目练习题	94

项目 5

体验容器云		**95**
学习目标		95
引例描述		95
5.1	项目陈述	95
5.2	必备知识	96
5.2.1	容器技术简介	96
5.2.2	初识 Kubernetes 容器 云平台	98
5.3	项目实施	99
5.3.1	项目准备	99
5.3.2	上传容器镜像	99
5.3.3	部署容器应用	103
5.3.4	访问容器应用	113
5.3.5	资源回收	116
5.4	项目小结	120
5.5	项目练习题	121

项目 6

体验云存储		**122**
学习目标		122
引例描述		122
6.1	项目陈述	122
6.2	必备知识	123
6.2.1	云存储简介	123

6.2.2 云存储的发展 ·············· 123

6.2.3 云存储的类型 ·············· 124

6.3 项目实施·························**125**

6.3.1 项目准备 ····················· 125

6.3.2 购买服务 ····················· 125

6.3.3 创建"桶" ···················· 128

6.3.4 对象管理 ····················· 130

6.3.5 资源回收 ····················· 137

6.4 项目小结·······················**138**

6.5 项目练习题····················**138**

项目 7

体验云应用 ················· **139**

学习目标 ·····························139

引例描述 ·····························139

7.1 项目陈述 ····················· **139**

7.2 必备知识 ····················· **140**

7.2.1 大数据简介 ·················· 140

7.2.2 人工智能简介 ·············· 143

7.3 项目实施 ····················· **146**

7.3.1 项目准备 ····················· 146

7.3.2 使用国产人工智能云应用进行

文档创作 ····················· 146

7.3.3 使用国产人工智能云应用进行

图像创作 ····················· 150

7.4 项目小结·······················**154**

7.5 项目练习题····················**154**

下篇　业务上云实战

项目 8

Web 网站上云 ············· **158**

学习目标 ·····························158

引例描述 ·····························158

8.1 项目陈述 ····················· **159**

8.2 必备知识 ····················· **159**

8.2.1 数据库简介 ·················· 159

8.2.2 云数据库简介 ·············· 160

8.2.3 弹性云服务器镜像 ········ 161

8.3 项目实施·····················**162**

8.3.1 项目准备 ····················· 163

8.3.2 购买弹性云服务器 ········ 163

8.3.3 购买云数据库 ·············· 168

8.3.4 部署云上论坛网站 ········ 171

8.3.5 使用云上论坛网站 ········ 176

8.3.6 管理论坛云数据库 ········ 179

8.4 项目小结 ···················· **181**

8.5 项目练习题 ················· **182**

项目 9

构建高可用云应用 ·········· **183**

学习目标 ·····························183

引例描述 ·····························183

9.1 项目陈述 ····················· **183**

9.2 必备知识 ·························· 184

9.2.1 高可用 ························· 184

9.2.2 弹性负载均衡 ··············· 185

9.2.3 弹性伸缩 ····················· 186

9.2.4 高可用弹性架构 ············· 187

9.3 项目实施 ·························· 188

9.3.1 项目准备 ····················· 188

9.3.2 配置弹性负载均衡 ··········· 188

9.3.3 制作私有镜像 ··············· 194

9.3.4 创建弹性伸缩组 ············· 196

9.3.5 创建伸缩策略 ··············· 204

9.3.6 测试高可用网站 ············· 207

9.3.7 云资源回收 ·················· 212

9.4 项目小结 ·························· 215

9.5 项目练习题 ······················ 215

上篇
初识云计算

项目 1

遇见云计算

01

学习目标

【知识目标】
（1）了解云计算的由来。
（2）了解云计算的定义。
（3）了解云计算的分类。

【技能目标】
（1）能够利用互联网资源获取相关信息。
（2）能够将云计算按服务对象进行分类。
（3）能够将云计算按提供的服务类型进行分类。

【素质目标】
（1）培养对信息的搜集与整理能力。
（2）培养对资料的总结与归纳能力。
（3）培养严谨细致的做事态度。

引例描述

学习目标

引例描述

云计算自2009年进入我国以来，在国家政策的大力支持下，发展极其迅猛。2010年10月，《国家发展改革委 工业和信息化部关于做好云计算服务创新发展试点示范工作的通知》出台，确定在北京、上海、深圳、杭州、无锡这5个城市先行开展云计算服务创新发展试点示范工作。此后，我国各级机构和组织发布了一系列推动云计算及相关领域和行业发展的政策，为云计算产业的快速发展提供了重要的政策保障。当前，我国云计算产业规模已经位居全球前列，国产云计算产品所占市场比例在亚太地区遥遥领先。云计算应用正向制造、政务、金融、医疗、教育等领域快速延伸，影响着每一个人的生活。

例如，大学生小王的一天是这样度过的：早上起来先打开"网易云音乐"听歌，再打开"百度智能云"查看昨天在云计算协会里领到的任务，接着通过"腾讯会议"召集项目组成员对任务进行讨论，最后大家通过"阿里云办公"协同完成任务。小王十分好奇用到的这么多"云"到底是什么？它为何被如此广泛地应用？

1.1 项目陈述

项目陈述

云计算（Cloud Computing）的概念从出现至今仅十多年，但其发展极其迅猛，已经深刻影响到现代人的生活，几乎每一个网络中的应用都离不开"云"，所以说当前时代正处于"云的时代"。同时，类似于互联网是全球第二次信息化浪潮的标志，它的出现推动了信息化产业的一轮快速发展，云计算是全球第三次信息化浪潮的代表，它对大数据、人工智能、物联网等现代信息技术的发展起到了推动作用，是重要的推动引擎。

本项目将带领读者了解云计算的基本概念并掌握对云计算进行分类的能力。

1.2 必备知识

什么是云计算？云计算是怎么出现的？云计算具有什么特点？云计算有哪些分类方式？云计算和我们的生活有哪些关联？本节将针对这些疑问进行逐一解答。

1.2.1 云计算的定义

云计算的出现与大数据技术的发展密不可分。企事业单位在日常运营中生成、累积了海量的用户行为数据。这些数据的特点是规模非常庞大、增长非常迅速。这种数量庞大且很难用常规的数据处理方法进行处理和分析的数据就被称为"大数据"。

数据是如此重要，信息社会的数据增长又是如此迅速，因此企业对建立存储量更大、运算速度更快的数据中心来进行海量数据存储和数据处理产生了迫切的需求。在这样的背景下，许多大公司都自建了自己的数据中心，图 1-1 所示为一个现代化的数据中心。现代化的数据中心最大的运营成本就是电能消耗，所以为了实现绿色节能的目标，通常选择将数据中心建设在可再生能源与清洁能源供给丰富的地区，如我国水电资源丰富的西南地区、风电资源丰富的华北地区等均能最大限度地利用水电、风电等绿色能源。

图 1-1 一个现代化的数据中心

数据中心为了给将来产生的数据保留运算能力、存储空间，其规模通常会建设得比当前实际使用的更大。此时，这些大公司发现自己还得为这些空闲的运算能力、存储空间承担管理及电力成本，这造成了非常大的浪费。与此同时，一些小公司虽然也有数据存储和数据处理的需求，但是因为资金或技术能力的限制，不能建设自己的数据中心。那是不是可以想一种办法将大公司闲置的运算资源通过收取一定的费用租给小公司使用呢？基于这种考虑，亚马逊（Amazon）公司在 2002 年启动了一个为外部人员提供服务的平台项目，两年后推出了亚马逊 Web 服务（Amazon Web Service，AWS），它是云计算平台的最初模型。2006 年，谷歌（Google）公司前 CEO 埃里克·施密特首次提出"云计算"的概念。从此，"云计算"开始作为一个术语正式出现在我们的世界中，并开启了飞速发展的时代。

对于到底什么是云计算，根据定义者所站角度的不同存在多种解释。现阶段被广泛接受的是美国国家标准与技术研究院（National Institute of Standards and Technology，NIST）的定义："云计算是一种按使用量付费的模式，它可以为用户实现随时随地、便捷、随需应变地从可配置计算资源共享池中获取所需的资源（如网络、服务器、存储、应用及服务）；这些资源能够快速供应并释放，从而使管理资源的工作量和与服务提供商的交互减到最低限度。"简言之，云计算是一种大规模计算机服务器集群——"云"，它通过网络为用户提供一种"按需购买、按量计费"来使用网络 IT 资源的服务模式；该模式将"云"的计算能力变成了类似于水、电、煤气一样的公共资源，使之可以在互联网上流通，并且方便使用、按量计费。例如，当需要在网络上拥有一台服务器用于使用网络服务，或拥有存储空间来存放手机照片，或拥有一款不用下载、安装即可使用的网络应用来处理图片、文档等时，只需要支付一定的费用向"云"租用即可。这个租用过程就像家里使用水、电一样，用多少量付多少费用，不用时资源可以由"云"快速回收，不再产生费用。

1.2.2 云计算的特点

云计算的特点

虽然云计算从诞生到现在仅经历了短短数十年的时间，但是其在世界范围内的发展非常迅猛，如 2022 年全球云计算市场规模已超过 4000 亿美元，其中第一个运用云计算技术的 AWS 的全球年收入超过 800 亿美元，发展成了世界第一大云。虽然云计算在 2009 年才进入我国，但它已经发展成了我国战略性新兴产业之一。目前，国内主流互联网服务商及通信运营商，如阿里巴巴、腾讯、华为、中国移动、中国电信、360 等都在大力发展自己的云服务能力，其中阿里云已经成为亚太地区第一大"云"服务提供商。云计算发展如此之迅猛，和它具有的特点是分不开的，以下是云计算的几个特点。

1. 采用虚拟化技术

虚拟化技术是云计算的核心技术，主要用于物理资源的虚拟化。这里的物理资源包括服务器、网络和存储等。虚拟化的最大优势之一是可以通过提高使用率来显著降低成本支出。例如，我们通过 Windows 管理器查看自己物理机的 CPU 的使用率，可以看到在普遍使用场景下，CPU 的使用率通常没有达到 10%，这就意味着 CPU 剩下的 90%的运算能力都被浪费掉了。因此如果将一个真实的 CPU 虚拟化成 10 个 CPU，则理论上可以将工作性能提高 10 倍。因此采用虚拟化技术能够更好地发挥出物理机的最大性能，从而能更高效地使用服务器。

2. 拥有超大规模

云计算运营商拥有超大规模基础设施来对外提供云服务。对一个"云"来说，理论上可以拥有无限规模的物理资源。截至 2023 年 3 月，我国的阿里云在全球范围内拥有超过 3000 万台服务器。超大规模的一个很大优势就是能够让单机购买和管理成本降低。

3. 动态可扩展

"云"可以在不停机的状态下通过增加硬件资源扩展其计算能力，也就是说，当添加、删除、修改云计算环境的任一资源节点，或者任一资源节点因发生了异常而宕机时，都不会导致云环境中的各类业务的中断，也不会导致用户数据的丢失。

4. 按需购买、按量计费

用户可以按照自己的需求向"云"申请虚拟资源。云计算平台通过虚拟分拆技术，提供少到一台虚拟计算机，多到上千台虚拟计算机的计算服务。实现按需购买后，按量计费也成为云计算平台向外提供服务时的有效收费形式，与水、电收费模式一样，使用多少计算服务收取多少费用，不使用则不收费。

5. 灵活性高

云可以应对灵活的资源变化，例如，任意撤掉一台计算机，其上面的信息和活动会自动转移到别处去；任意增加一台计算机，其资源会随时添加到资源池中。对于这些增减，用户根本意识不到。

6. 可靠性高

"云"一般会采用数据多副本容错、计算节点同构可互换等措施来保障服务的高可靠性。基于云服务的应用可以持续对外提供服务（7×24 小时），也就是说，在云上，倘若服务器发生故障，则一般不会影响计算与应用的正常运行。

7. 支持弹性伸缩

用户可以自行定义规则，让自己租用的云上资源可以根据规则动态变化，以满足实际业务变化的需求。例如，一个部署在云上的在线商城平时租用一台服务器就可以支撑业务流量，但是在"双十一"这样的购物节来临的时候，该商城可以动态地向"云"租用更多的服务器来扩展服务能力；而当购物节结束导致需求下滑后，该商城又可以根据规则及时释放部分资源以节约成本。

由于云计算具有以上特点，因此用户不再需要为应用单独购置服务器，也不需要为该服务器付出管理成本。用户付出低廉的租用成本就可以用到可随时扩容并由专业人员维护以保证安全的计算服务，因此使用"云"的性价比非常高。

云计算的分类

1.2.3 云计算的分类

根据服务对象的不同和其提供的服务类型的不同，云计算一般有两种分类方式。

1. 根据服务对象分类

云计算根据服务对象可以分为公有云、私有云、混合云，如图 1-2 所示。

图 1-2 公有云、私有云、混合云

（1）公有云

我们可以把公有云（Public Cloud）看作一个饭店，它为每一位进入饭店的用户提供服务。公有云一般可通过互联网使用，可在整个开放的公有网络中向所有人（即全网用户）提供服务。国内主要的公有云服务商有阿里云、腾讯云、华为云、天翼云、移动云等。

（2）私有云

我们可以把私有云（Private Cloud）看作一个企业的内部食堂，它只为该企业内部用户提供服务。私有云是为一个用户（或一个企业）单独使用而构建的，该用户（或企业）拥有该云的全部资源，并自行管理、运行与维护该云。私有云一般用于银行、医院、学校、政府等对数据安全和共享都有着较高需求的单位。

（3）混合云

混合云（Hybrid Cloud）是公有云和私有云两种服务方式的结合。例如，我们既想保证所吃的食物像食堂的食物一样安全，又想享用大饭店的特色菜肴，那么可以在食堂购买主食，在饭店购买食堂无法烹饪的菜品。同理，由于安全问题，并非所有的企业信息都能放置在公有云上，因此很多企业会使用混合云模式：将敏感、私密的数据放置在本地私有云上，而将对外服务数据放置在公有云上。

2. 根据提供的服务类型分类

云计算根据提供的服务类型可以分为图 1-3 所示的 3 类：基础设施即服务(Infrastructure as a Service，IaaS)、平台即服务（Platform as a Service，PaaS）和软件即服务（Software as a Service，SaaS）。它们的层级如图 1-3 所示，下层为上层提供支持。

（1）IaaS

IaaS 是云计算主要的服务类型之一，即在"云端"根据需要虚拟化出计算机，以及存储、网络等资源为用户提供基础硬件服务。例如，有一个用户在云端租用了一台计算机（云主机），其可以像操作本地计算机一样操作该云主机，如亲自安装操作系统、安装应用软件、部署自己的网络服务等。因此，如果要在网络上租一台完整计算机，则应使用 IaaS 云平台。

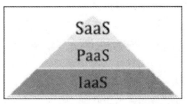

图 1-3　云计算根据提供的服务类型分类

（2）PaaS

PaaS 在"云端"为用户提供开发平台和测试环境。使用这类服务的用户一般是软件开发人员。PaaS 云平台提供的一些成熟的软件构件可以嵌入用户开发的产品中，例如，云地图、微信小程序等都是由 PaaS 云平台提供的服务。用户可以使用简单的几行代码将 PaaS 云平台提供的服务嵌入自己的软件，以实现复杂的功能。假如某人正在开发的一款网络应用需要实现地图功能，则其可以寻求提供地图服务的 PaaS 云平台的帮助。

（3）SaaS

SaaS 通过互联网面向最终用户，提供按需分配、按量计费使用的应用程序。例如，钉钉远程办公、微软的在线文档编辑、WPS 在线文档管理、腾讯共享文档等都属于 SaaS 云平台提供的网络应用，它们不用下载、安装，可以在云上直接使用。假如某人不想下载、安装而想直接使用网络应用，则其可以寻求 SaaS 云平台的帮助。

1.2.4　生活中的云计算

目前，云计算已经走入了人们的生活，带来了许多便利与创新，正在很多方面改变着人们的生活方式。如图 1-4 所示，云计算被广泛应用到云电视、云音乐、云办公、云政务等行业。云计算改变了我们与数字世界的互动方式，让生活更加智能化、便捷化。下面通过一些案例来看看云计算是如何对我们的生活造成影响的。

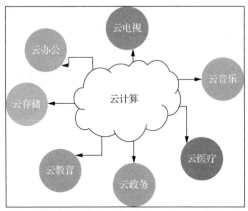

图 1-4　云计算的广泛应用

新兴产业的创新离不开云计算。"司机已接单，请在 5 分钟内到达上车点。"这已是人们习以为常的生活场景之一。国内某网约车平台用户规模达到 5.5 亿人，网约车日单量在 3000 万单左右，日均车辆定位数据超过 150 亿条。乘客在出门前，打开网约车平台，输入出发地、目的地，单击呼叫，其订单发送给附近哪些司机，多个司机抢单时如何快速筛选出最合适的一个，显示车辆实时定位等各个环节，都需要云计算强大的数据分析能力。在网约车平台高质量服务的背后，是云计算的强大支撑。

共享经济领域需要云计算的支撑。"文明骑行，城市因您而美。"街边的共享单车，为人们的绿色出行带来了许多便利，这些看似普通的共享单车背后不像表面看起来那么简单，也需要云计算的支撑。如图 1-5 所示，云计算实现了数据的存储、管理，是整个共享单车运营的中枢。当用户扫描共享单车的二维码后，请求解锁的命令将会上传到云端，从而解锁共享单车；同时共享单车的实时状态和定位也会被上报给云端，继而实现同步计费的功能。云平台也提供了用户充值和支付服务，并通过建立用户的信用体系，实现让用户文明用车、规范停车的秩序管理。

图 1-5　云端与共享单车的使用

物流领域的发展离不开云计算的支持。"您的外卖到了。"据统计，截至 2023 年 6 月，我国网络上的外卖用户规模达到了 5.35 亿人，2022 年我国外卖餐饮行业的市场规模为 9417 亿元。以美团外卖为例，其日完成订单量已达 2500 万单，接到订单后，云计算服务能够迅速算出最优路径，形成调度策略，对骑手画像、商家画像进行数据挖掘，为下一步的调度做准备，保证在半小时之内完成调度。外卖平台在面临海量业务时仍能平稳运行，云计算功不可没。

在城市交通领域中，云计算技术使得城市的交通情况有很大的改善。城市公共交通是人们常用的出行方式之一，如何在现有公交系统的基础上提升公共交通供给侧效率，成为缓解城市交通拥堵、提升居民出行服务水平的重要环节，例如，2016 年，阿里云与杭州市合作打造了首个"城市大脑"，杭州从此摘掉了全国拥堵城市排名前五的"帽子"。

在金融领域中，传统银行需不断加大在设备上的投入，为了确保故障出现时底层系统的高可靠性，不得不购买越来越高端的设备，以高成本架构获得高可靠性。而我国首家互联网银行——微众银行完全部署在腾讯云提供的金融合规云机房里，可以按需分配、按量计费，避免了传统银行开业时需要投入巨量资金用于购买 IT 基础设施的问题，微众银行作为全球首家全云上银行，不仅在短时间内实现了业务上线，并降低了 80% 的账户管理成本。

在传媒领域中，云计算为抖音等短视频平台提供了重要的技术支持和基础设施。云计算保证了抖音视频的快速加载和流畅播放，给用户带来了良好的观看体验。依靠云计算的高性能计算和大规模存储能力，抖音能够处理大量的用户数据、视频内容和交互信息，从而提供稳定、可靠的服务。当前，我国网络直播用户规模已经超过 10 亿人，在这些庞大数据的背后，是云计算在提供强大的算力支持。

1.3　项目实施

云计算已经深入人们的生活中，在不知不觉中人们已经在使用云计算提供的服务了。本项目需要读者通过调研身边的云计算去感知云计算如何影响现代人的生活。

1.3.1　项目准备

在项目实施之前，请按照表 1-1 进行准备。

表 1-1　项目准备

类别	名称	要求	来源
网络	互联网	连通互联网	自备
硬件	PC	Windows 操作系统	自备
软件	Chrome 浏览器		自备并安装

1.3.2　调研云计算的应用

通过百度搜索引擎调研云计算在各个行业中的应用，将调查结果填写在表 1-2 中。

表 1-2　云计算行业应用调查结果

云应用案例	行业分类
例：腾讯云智慧教室	教育

1.3.3　对云应用进行分类

调研读者自己使用过哪些云应用，这些应用属于 IaaS、PaaS、SaaS 中的哪种？将调查结果填写在表 1-3 中。

表 1-3　身边的云应用调查结果

应用名称	分类		
	IaaS	PaaS	SaaS
例：百度云存储	√		

1.4 项目小结

数据存储高速增长的需求催生了云计算。云计算是一种将数据中心化整为零，从而为用户提供 IT 资源租用服务的技术。云计算的概念由谷歌公司最早提出，亚马逊公司最先应用了该技术。云计算的高可靠性，按需分配、按量计费，支持弹性伸缩等优点使其发展迅速，已成为引领信息产业创新的关键战略性技术和手段。云计算根据服务对象的不同可以分为公有云、私有云、混合云；根据其提供的服务类型的不同又可以分为基础设施即服务（IaaS）、平台即服务（PaaS）、软件即服务（SaaS）。如同 20 世纪 90 年代给人类社会带来巨大变化的互联网一样，云计算技术正在给我们的世界带来一场革命性的改变，了解与能够使用云计算已经成为现代 IT 技术人员的基础能力要求。

项目小结

1.5 项目练习题

1. 选择题

（1）以下（　　）技术的发展促进了云计算的产生和发展。

    A．物联网　　　　　　B．大数据　　　　　　C．人工智能　　　　　　D．互联网

（2）云计算的概念是（　　）公司最先提出来的。

    A．微软　　　　　　　B．IBM　　　　　　　C．亚马逊　　　　　　D．谷歌

（3）最先应用云计算技术的是（　　）。

    A．微软　　　　　　　B．IBM　　　　　　　C．亚马逊　　　　　　D．谷歌

（4）目前亚太地区最大的云服务提供商是（　　）。

    A．阿里云　　　　　　B．腾讯云　　　　　　C．华为云　　　　　　D．亚马逊

（5）云计算是一种按（　　）付费使用的模式。

    A．收入　　　　　　　B．购买力　　　　　　C．使用量　　　　　　D．地区

（6）（　　）技术是云计算的核心技术，主要用于物理资源的虚拟化。

    A．并行计算　　　　　B．网格计算　　　　　C．现代通信　　　　　D．虚拟化

（7）对一个"云"来说，理论上可以拥有（　　）规模的物理资源。

    A．有限　　　　　　　　　　　　　　　　B．无限

    C．不超过 100 万台物理机　　　　　　　　D．不确定

（8）（　　）不是云计算的特点。

    A．费用高　　　　　　　　　　　　　　　B．拥有超大规模

    C．支持弹性伸缩　　　　　　　　　　　　D．按需分配、按量计费

（9）如果只想为企业内部人员提供云服务以保证数据安全性，则可以选用（　　）。

    A．私有云　　　　　　B．公有云　　　　　　C．混合云　　　　　　D．任意云

（10）如果想面向全网用户提供云服务，则可以选用（　　）。

    A．私有云　　　　　　B．公有云　　　　　　C．混合云　　　　　　D．任意云

（11）如果既想面向全网用户提供服务，又要保证数据安全性，则可以选用（　　）。

    A．私有云　　　　　　B．公有云　　　　　　C．混合云　　　　　　D．任意云

（12）如果要在线租用一台完整的计算机，则可以向（　　）云平台申请。

    A．IaaS　　　　　　　B．PaaS　　　　　　　C．SaaS　　　　　　　D．NaaS

（13）如果要在自己开发的应用中嵌入在线地图，则可以向提供云地图的（　　　）云平台申请。

  A．IaaS   B．PaaS   C．SaaS   D．NaaS

（14）如果要直接使用在线文档编辑软件来完成具体工作，则可以向提供应用的（　　　）云平台申请。

  A．IaaS   B．PaaS   C．SaaS   D．NaaS

2．填空题

（1）云计算根据服务对象的不同可以分为_____、_____和_____。

（2）云计算根据提供的服务类型的不同可以分为_____、_____和_____。

3．简答题

（1）请简述云计算的定义。

（2）请简述云计算对个人生活的影响。

（3）请简述 IaaS、PaaS、SaaS 云平台的区别。

项目 2

初探虚拟化

02

学习目标

【知识目标】

（1）了解虚拟机的作用。

（2）了解常见的虚拟机与虚拟软件。

（3）了解VMware虚拟网络模式。

【技能目标】

（1）能够配置VMware虚拟网络。

（2）能够应用虚拟机软件管理虚拟机。

（3）能够应用远程管理工具管理虚拟机。

（4）能够克隆虚拟机和进行快照管理。

【素质目标】

（1）使学生认识到软件开源的重要价值。

（2）培养学生遵守软件协议的守法意识。

（3）使学生理解节能减排的重要意义。

引例描述

学习目标

引例描述

　　2023年2月在中共中央、国务院印发的《质量强国建设纲要》中指出"树立质量发展绿色导向。开展重点行业和重点产品资源效率对标提升行动，加快低碳零碳负碳关键核心技术攻关，推动高耗能行业低碳转型"。一台普通的个人计算机功耗在200W左右，即使处于空闲状态，功耗也在100W左右，按照每天工作10小时计算，全年就要耗电约36kW·h。而服务器的功耗通常是个人计算机的5~8倍，尤其对于数据中心来说，IT设备（包括服务器和网络设备）的能耗尚不足总体能耗的一半。为了维持数据中心正常运行，空调等散热设备也是耗能大户，它们消耗了数据中心约40%的电能。据相关数据，目前全国数据中心能耗规模接近于3个三峡水电站的发电量。这么庞大的能耗使人们意识到提高IT设备使用率的重要性。通过减少服务器数量，同时降低配套散热电能消耗，可以达到节能减排的目的。

　　小王发现在实际使用过程中，个人计算机的很多资源都处于空闲状态，如通常情况下，计算机的CPU使用率低于10%，硬盘使用率低于30%，网络带宽非峰值使用率低于5%等。有没有一种技术可以把计算机的空闲资源都利用起来，在消耗同样电能的情况下，让一台计算机完成多台计算机的工作，从而达到节能减排的目的呢？

2.1 项目陈述

项目陈述

经过调研，小王发现使用虚拟化技术可以将一台计算机的闲置资源虚拟成若干台"新计算机"，这些"新计算机"相互独立，可以在其上安装多种操作系统，同时完成使用多台计算机才能完成的工作，从而提升计算机资源的使用率，实现节能减排。

在本项目中，读者将学习如何使用桌面虚拟化软件 VMware Workstation，并通过它来为虚拟机配置网络和管理虚拟机。此外，还将学习如何对虚拟机进行远程管理。

2.2 必备知识

本节将介绍虚拟化的基本概念及虚拟化技术的起源与发展，并介绍几种常见的虚拟机软件和桌面虚拟机软件 VMware Workstation 内置的几种虚拟网络模式。

2.2.1 虚拟化技术简介

虚拟化（Virtualization）是一种用于简化管理、优化资源的解决方案。通过虚拟化技术可以将一台计算机虚拟为多台逻辑计算机，这样在一台计算机上就可以同时运行多台逻辑计算机。每台逻辑计算机可以运行不同的操作系统，这样应用程序就可以在相互独立的空间内运行且互不影响，从而可以显著提高计算机的硬件使用率。使虚拟化能够实现的技术就是虚拟化技术。

虚拟化技术的起源可以追溯到 20 世纪 50 年代，当时国际商业机器（International Business Machines，IBM）公司推出了一款大型机，能够同时运行多种操作系统，让多个用户能够同时访问计算机资源。其采用的技术被称为"多虚拟机技术"，这就是虚拟化技术的雏形。1959 年，牛津大学的教授克里斯·托弗提出了"虚拟化"这一基本概念，从此"虚拟化"作为计算机专业名词出现。

虚拟化技术的出现，使得一台实体计算机上可以运行多台虚拟机，在提高了计算机使用率的同时，由于虚拟机之间相互隔离、互不干扰，也提高了系统的安全性和稳定性。随着云计算的兴起，虚拟化技术作为云计算的核心技术得到了广泛的应用和发展，为 IT 资源的动态分配、灵活调度和资源共享提供了重要支撑。

2.2.2 常见虚拟机软件

常见虚拟机软件

虚拟机（Virtual Machine，VM）指通过软件模拟的、具有完整硬件系统功能的、运行在一个完全隔离环境中的完整计算机系统。在实体计算机中能够完成的工作，在虚拟机中都能够完成。一台实体计算机可以虚拟出若干台虚拟机。每台虚拟机都有独立的 CPU、内存、硬盘和操作系统，可以像操作实体计算机一样对虚拟机进行操作。通过这些虚拟机，用户可实现在一台实体计算机上同时运行 Windows、Linux、macOS 甚至 DOS 等操作系统。常见的虚拟机软件有 VirtualBox、VMware Workstation、Hyper-V 、Xen、KVM、QEMU 等。

1. 应用广泛的 VMware Workstation

威睿工作站（VMware Workstation）是由云计算基础架构解决方案提供商威睿（Virtual Machine ware，VMware）公司出品的一款闭源虚拟化软件产品。它是目前实现虚拟化程度相对较高、应用较广泛的桌面虚拟化产品。图 2-1 所示为 VMware 的 Logo。

图 2-1　VMware 的 Logo

2. 经典开源的 VirtualBox

虚拟盒子（VirtualBox）是由太阳计算机系统（Sun Microsystems）公司推出的一款使用非常广泛、免费且开源的，类似于 VMware Workstation 的桌面虚拟机软件，目前属于甲骨文（Oracle）公司旗下产品。图 2-2 所示为 VirtualBox 的 Logo。

图 2-2　VirtualBox 的 Logo

3. Windows 内置的 Hyper-V

虚拟化管理程序（Hypervisor Virtualization，Hyper-V）是微软公司推出的虚拟化软件产品。Hyper-V 可以在 Windows 操作系统上创建和管理虚拟机，支持虚拟机迁移、快照、网络虚拟化等功能，适用于 Windows 环境中的虚拟化部署。由图 2-3 可知，Hyper-V 集成在 Windows 系统功能中。

图 2-3　Hyper-V 集成在 Windows 系统功能中

4. 直接构建在硬件上的 Xen

异构服务器（简称 Xen）是英国剑桥大学计算机实验室开发的一个虚拟化开源项目。与其他虚拟机依赖操作系统不同，Xen 是一款直接运行在计算机硬件上的用以替代操作系统的基层软件，能够在计算机硬件上并发地运行多个客户端操作系统。目前，Xen 支持 Linux、NetBSD、FreeBSD、Solaris、Windows 和其他常用操作系统。直接运行在计算机硬件上的特性使 Xen 的运行效率很高。图 2-4 所示为 Xen 的架构示意。

图 2-4　Xen 的架构示意

5. 基于 Linux 内核的 KVM

顾名思义，基于内核的虚拟机（Kernel-based Virtual Machine，KVM）是 Linux 内核的一个模块。KVM 是完全开源的，它的起源可以追溯到 2006 年 Qumranet 公司开发的 KVM，当时其被贡献给开源社区。自 Linux 2.6.20 起，KVM 便被集成在 Linux 的主要发行版本中。KVM 需要物理硬件提供的虚拟化技术支持才能完成虚拟化，如英特尔公司的虚拟化技术（Intel Virtualization Technology，Intel VT）和超威半导体公司的虚拟化技术（Advanced Micro Devices Virtualization，AMD-V）。目前，KVM 已经成为被许多企业和组织广泛使用的一种主流虚拟化技术，常被应用于服务器和桌面环境的虚拟化。图 2-5 所示为 KVM 的架构示意。

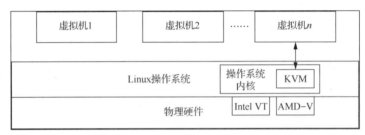

图 2-5　KVM 的架构示意

6. 无须系统内核驱动的 QEMU

快速模拟器（Quick Emulator，QEMU）是一款开源虚拟化软件，可以在不同的主机平台上运行虚拟机。与 KVM 不用的是，QEMU 可以在没有主机内核驱动的情况下运行，也不需要物理硬件提供虚拟化技术的支持，所以其硬件兼容性比 Xen 和 KVM 更高。图 2-6 所示为 QEMU 的架构示意。

图 2-6　QEMU 的架构示意

因为 QEMU 是通过纯软件的方式实现虚拟化的，所以全部指令都要经过 QEMU 转发，故而虚拟机性能较低。在生产环境中，QEMU 通常用于配合 KVM 实现虚拟化功能。

2.2.3　3 种 VMware 网络模式

利用桌面虚拟化软件 VMware Workstation 虚拟出来的虚拟机必须通过虚拟网

3 种 VMware 网络
模式

络才能和宿主机进行通信。虚拟机和宿主机的通信模型如图 2-7 所示。虚拟机必须通过虚拟网络实现和宿主机的通信，并借助宿主机连接互联网。如何实现这样的通信呢？

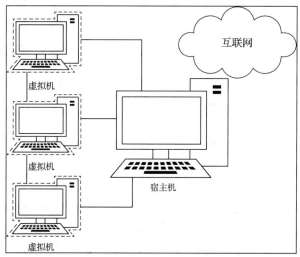

图 2-7　虚拟机和宿主机的通信模型

　　VMware Workstation 提供了 3 种网络模式来实现虚拟机和宿主机之间的通信。它们分别是桥接模式、NAT 模式和仅主机模式。打开 VMware Workstation，选择其主界面顶部菜单栏中的【编辑】→【虚拟网络编辑器】选项，弹出图 2-8 所示的【虚拟网络编辑器】对话框，其中名称 VMnet0、VMnet1、VMnet8 分别对应桥接模式、仅主机模式、NAT 模式。

图 2-8　【虚拟网络编辑器】对话框

　　在宿主机上，安装 VMware Workstation 时会自动生成"VMware Network Adapter VMnet1"和"VMware Network Adapter VMnet8"两块虚拟网卡，如图 2-9 所示，它们分别服务于仅主机模式和 NAT 模式，负责宿主机与虚拟机的通信。

图 2-9　在宿主机上自动生成的两块虚拟网卡

1. 桥接模式

　　在桥接模式下，由 VMware Workstation 提供了一台名为 VMnet0 的虚拟交换机，宿主机的物理网卡与虚拟机的虚拟网卡利用该虚拟交换机进行通信。在该模式下，宿主机的物理网卡与虚拟机的虚拟网卡必须位于同一个网段，虚拟机可利用宿主机的物理网络访问互联网。桥接模式示意如图 2-10 所示，宿主机的物理网卡和虚拟机的虚拟网卡都在 192.168.0.0/24 网段，因此它们可以直接进行通信。

桥接模式的优点是虚拟机能够直接和物理网络通信，传输效率高。但其缺点也很明显，即在该模式下，虚拟机要占用局域网 IP 地址资源。

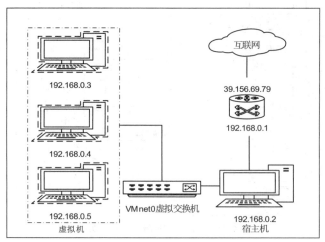

图 2-10　桥接模式示意

2. NAT 模式

网络地址转换（Network Address Translation，NAT）是将不同网段的数据通过相关设备转发到另一个网段，以实现不同网段的相互通信。在 NAT 模式下，VMware Workstation 除了提供名为 VMnet8 的虚拟交换机外，还生成了一台虚拟路由器作为 NAT 设备，用于连接虚拟机和宿主机所在的两个不同的网段。虚拟机的虚拟网卡不再像在桥接模式下那样必须和宿主机的物理网卡位于同一个网段中，这样能够节约宝贵的局域网 IP 地址资源。NAT 模式示意如图 2-11 所示。由图可知，宿主机的物理网卡属于 192.168.0.0/24 网段，而虚拟机的虚拟网卡属于 10.0.0.0/24 网段，这两个网段是不同的，但它们通过一台虚拟路由器实现了通信。

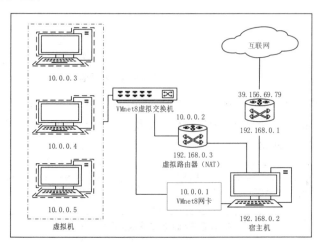

图 2-11　NAT 模式示意

在 NAT 模式和桥接模式下，虚拟机不仅可以与宿主机通信，还可以通过宿主机的物理网络访问互联网。

3. 仅主机模式

仅主机模式和 NAT 模式有一些相似，只是不需要借助 NAT 设备。仅主机模式示意如图 2-12 所示，虚拟机只能通过 VMnet1 虚拟交换机与宿主机的虚拟网卡"VMware Network Adapter VMnet1"进行通信。在该模式下，宿主机的虚拟网卡和虚拟机的虚拟网卡必须位于同一个网段中。

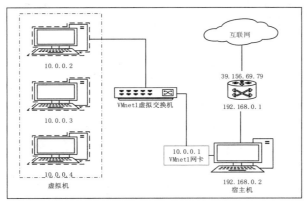

图 2-12　仅主机模式示意

在仅主机模式下，虚拟机仅能与宿主机通信，而无法通过宿主机的物理网络访问互联网。

2.3　项目实施

本项目将利用 VMware Workstation 打开一台已经安装了 openEuler 操作系统的虚拟机，并使用远程管理软件来使用与管理虚拟机，最后实现虚拟机克隆和快照拍摄。

2.3.1　项目准备

在项目实施之前，请按照表 2-1 进行相关准备。

项目准备

表 2-1　项目准备

类别	名称	要求	来源
网络	互联网	连通互联网	自备
硬件	PC	Windows 10 及以上版本，64 位专业版或企业版	自备
	CPU	Intel CPU（支持 Intel VT），或者 AMD CPU（支持 AMD-V），并在计算机的 BIOS 中开启 CPU 虚拟化支持	自备
	硬盘	可用空间大小在 200GB 以上	自备
	内存	8GB 以上	自备
软件	VMware Workstation	16.0 及以上版本	从本书提供的教材资源中下载试用版（VMware Workstation 17.5）
	MobaXterm 远程管理工具软件	免费版	从本书提供的教材资源中下载

1. 获取虚拟机的快照

在本书提供的教材资源中获取虚拟机的快照，具体存放位置如图 2-13 所示。请将"虚拟机"文件夹完整地下载到本地备用。

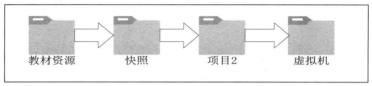

图 2-13　虚拟机的快照的具体存放位置

2. 获取 VMware Workstation 试用版

VMware Workstation 可以从 VMware 官网下载，本书提供了其试用版，可供读者下载与使用。图 2-14 所示为安装文件"VmwareWorkstation.exe"的具体存放位置。请将"VmwareWorkstation.exe"文件下载到本地备用。

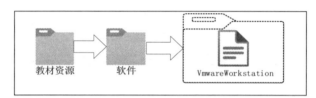

图 2-14　安装文件"VmwareWorkstation.exe"的具体存放位置

3. 获取本书提供的 MobaXterm 远程管理工具免费版

MobaXterm 是一种支持多种协议的远程管理工具，可以从其官网下载，本书提供了一个不用安装的免费版本供读者下载与使用。图 2-15 所示为免安装软件的"MobaXterm"文件夹的具体存放位置。请将"MobaXterm"文件夹完整地下载到本地备用。

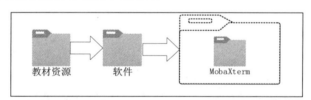

图 2-15　免安装软件的"MobaXterm"文件夹的具体存放位置

2.3.2　安装 VMware Workstation

想要在 Windows 操作系统中使用其他操作系统，可以先借助桌面虚拟化软件来生成一台虚拟机，再在这台虚拟机上安装并使用操作系统。本项目将采用 VMware Workstation 来完成生成虚拟机的操作。

安装 VMware Workstation

 注意　　在开始以下操作前，需要在宿主机（即物理机）的基本输入输出系统（Basic Input/ Output System，BIOS）中开启 CPU 虚拟化支持。

第 1 步，双击 VMware Workstation 的安装文件，打开图 2-16 所示的安装向导窗口。单击【下一步】按钮，进行下一步。

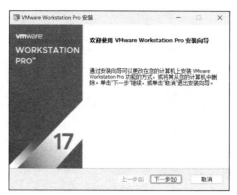

图 2-16　安装向导窗口：欢迎页

第 2 步，接受最终用户许可协议中的条款。在图 2-17 所示的窗口中勾选【我接受许可协议中的条款】复选框，单击【下一步】按钮。

图 2-17　安装向导窗口：最终用户许可协议

第 3 步，操作系统兼容性设置。安装程序将检查 Windows 操作系统是否与 VMware Workstation 兼容，如图 2-18 所示。如果 Windows 已经启用了微软的 Hyper-V 虚拟机，则可以先将 Hyper-V 功能从 Windows 中移除。

图 2-18　安装向导窗口：操作系统兼容性设置

通过【控制面板】→【程序】→【启用或关闭 Windows 功能】，打开图 2-19 所示的【Windows 功能】窗口，在其中取消勾选【Hyper-V】复选框后，单击【确定】按钮，将 Hyper-V 角色从 Windows 中移除。

图 2-19 【Windows 功能】窗口

回到图 2-18 所示的安装向导窗口继续进行安装。勾选【自动安装 Windows Hypervisor Platform(WHP)】复选框，单击【下一步】按钮。

第 4 步，自定义安装路径。在图 2-20 所示的安装向导窗口中单击【更改】按钮，可以改变软件的安装路径。若不对其进行修改，则直接单击【下一步】按钮即可（本例保持默认安装路径）。

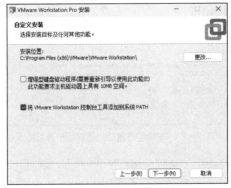

图 2-20 安装向导窗口：自定义安装路径

第 5 步，用户体验设置。在图 2-21 所示的安装向导窗口中，根据自己的需求选择是否勾选【启动时检查产品更新】和【加入 VMware 客户体验提升计划】这两个复选框。选择完成后，单击【下一步】按钮。

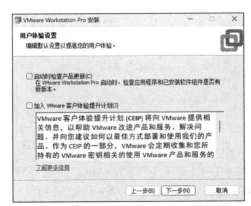

图 2-21 安装向导窗口：用户体验设置

第 6 步，创建快捷方式。在图 2-22 所示的安装向导窗口中，可以设置 VMware Workstation 安装后生成的快捷方式的存放位置。例如，本例只勾选【桌面】复选框，表示将只在 Windows 桌面上创建软件的快捷方式。设置完成后，单击【下一步】按钮。

图 2-22　安装向导窗口：创建快捷方式

第 7 步，安装程序。打开图 2-23 所示的安装向导窗口，单击【安装】按钮，开始安装程序。

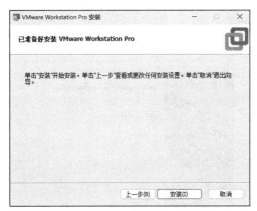

图 2-23　安装向导窗口：安装程序

安装完成后打开图 2-24 所示的安装向导窗口。

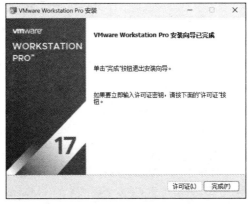

图 2-24　安装向导窗口：安装完成

第8步，输入密钥。在图2-24所示的窗口中单击【许可证】按钮后，打开图2-25所示的窗口，在文本框中输入许可证密钥后单击【输入】按钮，即可完成验证。

许可证密钥是用于合法使用或激活某款应用软件或操作系统的标识码，可让用户按照授权许可证书中指定的条款来使用某应用软件。VMware Workstation是一款闭源且收费的软件产品，因此需要购买并输入合法的许可证密钥才能无限制地使用。如果在该窗口中单击【跳过】按钮，则可以跳过本步骤而直接使用试用版软件。

图2-25　安装向导窗口：输入许可证密钥

第9步，结束安装。在图2-26所示的安装向导窗口中，单击【完成】按钮，即可完成VMware Workstation的软件安装操作。

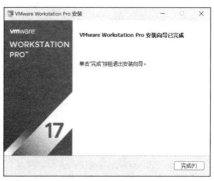

图2-26　安装向导窗口：结束安装

第10步，验证安装结果。安装完成后桌面将出现图2-27所示的快捷方式图标，双击该图标即可打开软件。

图2-27　VMware Workstation的快捷方式图标

如果安装时选择跳过输入许可证密钥，则此时会进入图2-28所示的欢迎使用界面，提醒用户输入许可证密钥或者选择试用软件30天。需要注意的是，更新版本的VMware Workstation已经对个人用户开放永久免费试用的权限。

图 2-28　欢迎使用界面

选中【我希望试用 VMware Workstation 17 30 天】单选按钮后，单击【继续】按钮，即可进入 VMware Workstation 主界面，如图 2-29 所示。

图 2-29　VMware Workstation 主界面

2.3.3　配置虚拟机网络

VMware Workstation 提供了 3 种网络模式，它们均可以用来实现虚拟机和宿主机之间的通信。因为只有虚拟机网卡和宿主机网卡处于同一个网络时才能通信，所以需要先设置一个网络，再将虚拟机和宿主机挂载其中。本书提供的虚拟机网卡挂载的网络是 NAT 模式的虚拟网络，这种模式既可使虚拟机与宿主机通信（内网），又可使虚拟机通过宿主机的物理网络访问互联网（外网）。因此需要在 VMware Workstation 中先配置好 NAT 模式的虚拟网络。

配置虚拟机网络

按照表 2-2 进行网段规划。

表 2-2　网段规划

网络模式	作用	网卡	网段设置
NAT 模式	内外网通信	虚拟机网卡	192.168.20.0/24
		宿主机网卡	

第 1 步，弹出【虚拟网络编辑器】对话框。选择 VMware Workstation 主界面顶部菜单栏中的【编辑】→【虚拟网络编辑器】选项，弹出【虚拟网络编辑器】对话框，如图 2-30 所示。

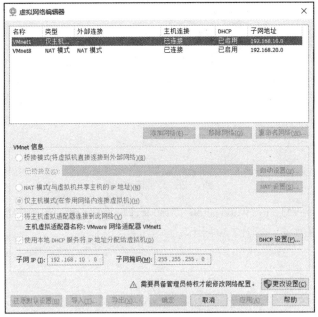

图 2-30 【虚拟网络编辑器】对话框

单击【更改设置】按钮，确认管理员权限后，使网络模式处于可配置状态。

第 2 步，配置 NAT 模式的虚拟网络。在【虚拟网络编辑器】对话框中，选择网络【VMnet8】（类型为 NAT 模式）选项，如图 2-31 所示。在【子网 IP】文本框中输入 "192.168.20.0"，在【子网掩码】文本框中输入 "255.255.255.0"。

图 2-31 【虚拟网络编辑器】对话框：配置 NAT 模式的虚拟网络

第 3 步，设置 NAT 网关。单击【NAT 设置】按钮，弹出图 2-32 所示的【NAT 设置】对话框。【网关 IP】文本框中的 IP 地址 "192.168.20.2" 保持不变，这样可以使挂载在 NAT 模式的虚拟网络中的虚拟机通过该网关经由宿主机的物理网络访问互联网。

图 2-32 【NAT 设置】对话框

 注意　　网关不能设置为该网段的起始 IP 地址"192.168.20.1"，因为该 IP 地址已经默认绑定在宿主机中名为"VMware Network Adapter VMnet8"的虚拟网卡上了。

第 4 步，设置 DNS 服务器。域名系统（Domain Name System，DNS）是一种将域名解析为 IP 地址以访问互联网的服务。为了让虚拟机能够通过域名访问互联网，需指定 DNS 服务器。

单击【DNS 设置】按钮，弹出【域名服务器(DNS)】对话框，设置 DNS 服务器，可以让虚拟机使用域名访问外网。本例填写【首选 DNS 服务器】为中国电信提供的公众 DNS 服务器"114.114.114.114"，【备用 DNS 服务器 1】为谷歌公司提供的全球 DNS 服务器"8.8.8.8"，其余保持默认配置即可，如图 2-33 所示。单击【确定】按钮，完成设置并关闭该对话框。

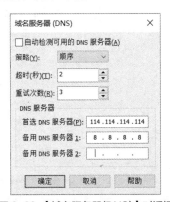

图 2-33 【域名服务器(DNS)】对话框

第 5 步，设置 DHCP 服务器。动态主机配置协议（Dynamic Configuration Protocol，DHCP）服务是为同网段中的计算机自动分配 IP 地址的服务。VMware Workstation 内置了一台 DHCP 服务器，可以设置它以指定为虚拟机网卡自动分配 IP 地址段的范围。

在【虚拟网络编辑器】对话框的配置 NAT 模式的虚拟网络界面中，单击【DHCP 设置】按钮，弹出【DHCP 设置】对话框，如图 2-34 所示。因为 NAT 模式已经设置为"192.168.20.0/24"网段，所以在【DHCP 设置】对话框中填写的相应的【起始 IP 地址】与【结束 IP 地址】必须在该网段区间内。

单击【确定】按钮，完成 DHCP 服务器设置，并返回【虚拟网络编辑器】对话框。最后在【虚拟网络编辑器】对话框中单击【确定】按钮，完成 NAT 模式的虚拟网络的配置。

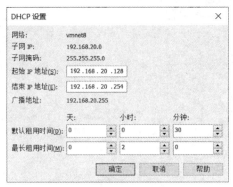

图 2-34 【DHCP 设置】对话框

2.3.4 部署虚拟机

安装好 VMware Workstation 后，就可以利用在项目准备阶段已经下载好的虚拟机快照文件来加载一台已经安装了 openEuler 操作系统的虚拟机了。

部署虚拟机

第 1 步，加载虚拟机。打开 VMware Workstation，选择其主界面顶部菜单栏中的【文件】→【打开】选项，选择下载好的虚拟机快照文件。如图 2-35 所示，选择名为"Linux.vmx"虚拟机快照的文件，单击【打开】按钮，完成虚拟机的加载。

图 2-35 选择虚拟机快照文件

图 2-36 所示为虚拟机的快照加载成功后的界面，可以看到在【我的计算机】中出现了"Linux"这台虚拟机。

图 2-36　虚拟机的快照加载成功后的界面

第 2 步，登录虚拟机。在 VMware Workstation 主界面中选择虚拟机"Linux"，单击【开启此虚拟机】按钮，将该虚拟机开启。

在图 2-37 所示的等待登录界面中输入用户名"root"，按【Enter】键。再输入 root 用户的密码"openEuler2024"，按【Enter】键后由系统进行登录验证，如果成功，则会进入如图 2-38 所示的登录成功界面。

```
Authorized users only. All activities may be monitored and reported.
localhost login: _
```

图 2-37　等待登录界面

```
Authorized users only. All activities may be monitored and reported.
localhost login: root
Password:
Last login: Fri Jun 21 15:34:15 on tty1

Authorized users only. All activities may be monitored and reported.

Welcome to 5.10.0-182.0.0.95.oe2203sp3.x86_64

System information as of time:  Sat Jul 13 04:31:54 PM CST 2024

System load:    0.95
Processes:      139
Memory used:    5.6%
Swap used:      0%
Usage On:       5%
IP address:     192.168.20.11
Users online:   1

[root@localhost ~]# _
```

图 2-38　登录成功界面

登录成功后会出现"[root@localhost ~]#"，并在其后有闪烁的光标，代表等待用户输入指令，此时就可以使用 openEuler 操作系统了。需要注意的是，openEuler 操作系统是基于 Linux 内核开发的，用户可以使用 Linux 相关指令对其进行管理。

第 3 步，查询 IP 地址。使用"ip a"命令查看目前的网卡信息。

```
[root@localhost ~]# ip a
1: lo: <LOOPBACK,UP,LOWER_UP> mtu 65536 qdisc noqueue state UNKNOWN group default
qlen 1000
```

```
     link/loopback 00:00:00:00:00:00 brd 00:00:00:00:00:00
     inet 127.0.0.1/8 scope host lo
        valid_lft forever preferred_lft forever
     inet6 ::1/128 scope host
        valid_lft forever preferred_lft forever
   2: ens33: <BROADCAST,MULTICAST,UP,LOWER_UP> mtu 1500 qdisc fq_codel state UP group
default qlen 1000
     link/ether 00:0c:29:18:11:bf brd ff:ff:ff:ff:ff:ff
     inet 192.168.20.11/24 brd 192.168.20.255 scope global dynamic noprefixroute
ens33
        valid_lft 1001sec preferred_lft 1001sec
     inet6 fe80::20c:29ff:fe18:11bf/64 scope link noprefixroute
        valid_lft forever preferred_lft forever
```

从查询结果可以看到虚拟机有一块网卡名为"ens33"，该网卡的 IP 地址为"192.168.20.11"。

2.3.5 远程管理虚拟机

Linux 服务器通常放置在专用机房中，当它需要临时维护时，运维人员很可能不能及时到达现场，此时就需要运维人员对服务器进行远程管理。市面上具有远程管理功能的工具软件有很多，SecureCRT、PuTTY、Telnet、MobaXterm 等都是其中的佼佼者。

远程管理虚拟机

本项目选用 MobaXterm 来实现虚拟机的远程管理。MobaXterm 是一个强大的网络工具软件集合，它集成了管理终端、文件传输、桌面共享等多种常用网络功能。MobaXterm 支持多种网络协议，如安全外壳（Secure Shell，SSH）、Telnet、远程桌面协议（Remote Desktop Protocol，RDP）、虚拟网络计算（Virtual Network Computing，VNC）等，可以连接到各种类型的远程服务器和虚拟机。

本书提供的 MobaXterm 软件无须安装，双击软件图标，进入图 2-39 所示的 MobaXterm 主界面。

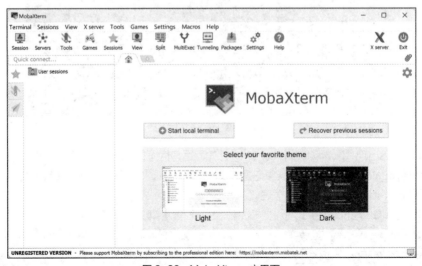

图 2-39　MobaXterm 主界面

因为在2.3.4小节中已经查询到虚拟机ens33网卡的IP地址为"192.168.20.11",现在使用MobaXterm远程管理工具通过该IP地址对虚拟机进行远程管理。另外,在连接虚拟机的情况下,将本地文件(即宿主机中的文件)上传到虚拟机中,实现远程文件传输。

1. 远程登录

第1步,创建 SSH 会话。单击 MobaXterm 主界面左上角的【Session】按钮,弹出图 2-40 所示的【Session settings】对话框,此时该对话框中默认已经选中了 SSH 会话。

在图 2-40 所示的【Remote host】文本框中输入要连接的远程主机的 IP 地址,本例为虚拟机的 IP 地址"192.168.20.11",单击【OK】按钮,结束 SSH 会话的创建。

图 2-40 【Session settings】对话框:创建 SSH 会话

第2步,调用 SSH 会话实现远程连接。SSH 会话创建好后,MobaXterm 会自动调用该会话去连接远程服务器(本例中为开启的虚拟机)。如果该服务器是第一次被 MobaXterm 连接,则会弹出图 2-41所示的连接提示对话框,在该对话框中可以选择是否允许连接到该服务器。单击【Accept】按钮,允许连接。

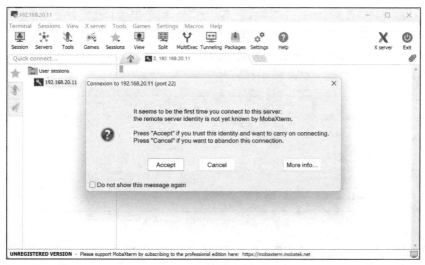

图 2-41 连接提示对话框

连接成功后将进入图 2-42 所示的等待登录界面。

图 2-42　等待登录界面

输入用户名"root"和对应密码"openEuler2024"后，按【Enter】键登录系统。如果登录成功，则进入图 2-43 所示的远程登录成功界面。

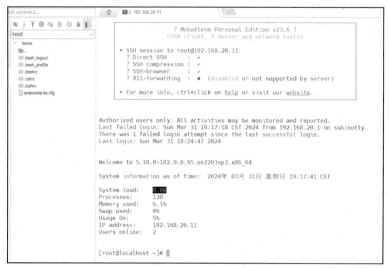

图 2-43　远程登录成功界面

登录成功后可以看到在光标前存在"[root@localhost ~]#"字样，表示当前 root 用户已经登录了名为"localhost"的主机。这里的"～"表示用户的家目录，对于 root 用户来说，这个目录就是"/root"。

2. 远程文件传输

MobaXterm 还可以实现本地与远程主机之间的文件传输。远程文件传输可以通过安全文件传输协议（Secure File Transfer Protocol，SFTP）会话实现。

第 1 步，创建 SFTP 会话。单击 MobaXterm 主界面左上角的【Session】按钮，单击【SFTP】按钮，将进入图 2-44 所示的 SFTP 会话创建界面。

图 2-44　SFTP 会话创建界面

在该界面的【Remote host】文本框中输入要连接的远程主机的 IP 地址，本例为虚拟机的 IP 地址"192.168.20.11"；在【Username】文本框中输入用户名"root"；最后单击【OK】按钮，结束该 SFTP

会话的设置。

第 2 步, 调用 SFTP 会话实现远程连接。SFTP 会话创建好后, MobaXterm 会自动调用该会话去连接远程服务器, 如果在前面 SSH 会话创建时没有保存 root 用户的密码, 则会弹出图 2-45 所示的输入密码对话框。在该对话框的文本框中输入 root 用户的密码, 如本例的 "openEuler2024", 单击【OK】按钮, 连接到主机。

图 2-45　输入密码对话框

连接成功后将进入图 2-46 所示的 SFTP 会话连接成功界面。

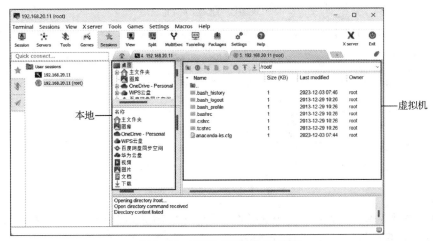

图 2-46　SFTP 会话连接成功界面

此界面中间区域显示的是本地计算机的资源, 而右侧区域显示的是远程虚拟机的资源。远程虚拟机当前目录默认为登录用户的家目录, 如本例 root 用户的家目录为 "/root/"。在此界面中通过鼠标拖曳就可以完成宿主机与虚拟机之间的文档上传及下载。

2.3.6　虚拟机克隆与快照

VMware Workstation 还提供了虚拟机克隆和快照拍摄功能, 为管理虚拟机提供了强大的备份与还原功能。

虚拟机克隆与快照

1. 虚拟机克隆

VMware Workstation 的虚拟机克隆功能可以将现有的一台虚拟机快速地克隆生成另一台配置与内容完全一样的虚拟机。

第 1 步, 弹出 VMware Workstation 的【克隆虚拟机向导】对话框。如图 2-47 所示, 在 VMware Workstation 主界面中依次选择【虚拟机】→【管理】→【克隆】选项(虚拟机需处于关闭状态), 弹出图 2-48 所示的【克隆虚拟机向导】对话框。

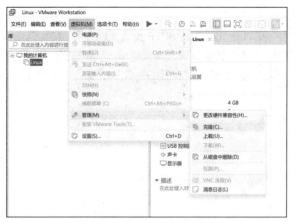

图 2-47　选择虚拟机进行克隆

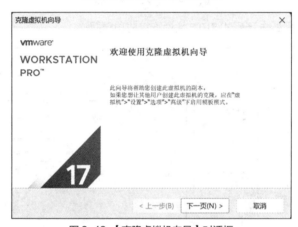

图 2-48　【克隆虚拟机向导】对话框

第 2 步，选择克隆源与克隆类型。在图 2-48 所示的【克隆虚拟机向导】对话框中单击【下一步】按钮，进入图 2-49 所示的【克隆源】选择界面。

图 2-49　【克隆虚拟机向导】对话框：【克隆源】选择界面

在【克隆源】选项界面中选中【虚拟机中的当前状态】单选按钮，单击【下一步】按钮，进入图 2-50 所示的【克隆类型】选择界面。

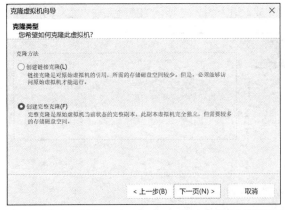

图 2-50 【克隆虚拟机导向导】对话框：【克隆类型】选择界面

在【克隆类型】选择界面中选中【创建完整克隆】单选按钮，单击【下一步】按钮，进入图 2-51 所示的【新虚拟机名称】界面。

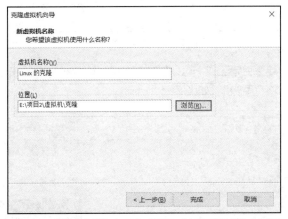

图 2-51 【克隆虚拟机向导】对话框：【新虚拟机名称】界面

第 3 步，设置新的虚拟机名称及存储位置，克隆虚拟机。在【新虚拟机名称】界面的【虚拟机名称】文本框中填写新虚拟机的名称；在【位置】文本框中填写新虚拟机存储的位置。单击【完成】按钮，虚拟机开始克隆，如图 2-52 所示。

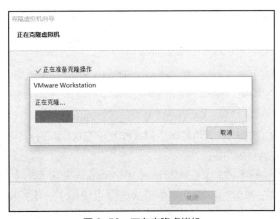

图 2-52 正在克隆虚拟机

经过一段时间，克隆完成，进入图 2-53 所示的克隆完成界面。

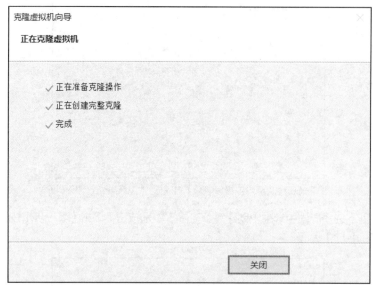

图 2-53　克隆完成界面

单击【关闭】按钮，结束克隆工作。可以看到在 VMware Workstation 主界面的【我的计算机】下多出了"Linux 的克隆"这台虚拟机，如图 2-54 所示。

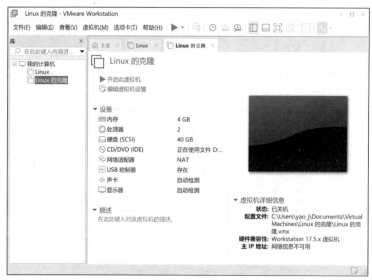

图 2-54　克隆成功后的 VMware Workstation 主界面

2. 虚拟机快照

VMware Workstation 的虚拟机快照功能可以对操作系统现有状态进行保存，当虚拟机出现故障时，可以利用拍摄的快照来恢复到快照拍摄时的状态。

第 1 步，选择【拍摄快照】选项。在 VMware Workstation 主界面的【我的计算机】中右键单击需要拍摄快照的虚拟机，在弹出的快捷菜单中依次选择【快照】→【拍摄快照】选项，如图 2-55 所示。

图 2-55　选择【拍摄快照】选项

第 2 步，设置快照名称并拍摄快照。选择【拍摄快照】选项后，将弹出图 2-56 所示的【Linux-拍摄快照】对话框。

图 2-56　【Linux-拍摄快照】对话框

在【Linux-拍摄快照】对话框的【名称】文本框中填写快照的名称，单击【拍摄快照】按钮，完成快照拍摄工作。

第 3 步，查看与管理快照。再次右键单击相应的虚拟机，在弹出的快捷菜单中可以看到【恢复到快照】选项，如图 2-57 所示，默认为恢复到最后创建的快照。以后即可利用创建的快照快速还原系统。

图 2-57　选择【恢复到快照】选项

2.4 项目小结

项目小结

　　虚拟化技术是云计算的核心技术之一，它可以将原本的一项计算机资源（如主机、网络、存储设备等）虚拟成多项，提高计算机资源使用率的同时降低能源消耗和运营成本。虚拟化技术保证了云计算可以"随需应变地从可配置计算资源共享池中获取所需的资源"。

　　在项目实施阶段，本项目利用 VMware Workstation 部署了一台已安装了 openEuler 操作系统的虚拟机，并通过配置虚拟机网络使该虚拟机实现了与宿主机及互联网的通信；使用远程管理工具软件 MobaXterm 远程连接该虚拟机后可以用命令管理主机，并实现文件互传；最后利用 VMware Workstation 实现了虚拟机克隆和快照功能。

2.5 项目练习题

1. 选择题

（1）以下不是虚拟机软件的是（　　）。

　　A. VirtualBox　　　　　　　　　　　B. VMware Workstation

　　C. Microsoft Windows Virtual PC　　　D. Linux

（2）VMware Workstation 是一款（　　）的虚拟机软件产品。

　　A. 开源及免费　　B. 开源不免费　　C. 闭源且免费　　D. 闭源且收费

（3）以下不是 VMware Workstation 的网络模式的是（　　）模式。

　　A. 仅主机　　　　B. NET　　　　C. NAT　　　　D. 桥接

（4）在 VMware Workstation 的桥接模式下，虚拟机（　　　　）。

    A．能连接外网且能与宿主机通信　　　　B．不能连接外网但能与宿主机通信

    C．能连接外网且不能与宿主机通信　　　　D．不能连接外网且不能与宿主机通信

2．填空题

（1）VirtualBox 是一款_____源虚拟机软件。

（2）MobaXterm 使用_____会话来远程连接虚拟机以实现文件互传。

（3）KVM 是 Linux_____的一个模块。

（4）应用 KVM 要求 Linux 内核版本为_____及以上。

3．判断题

（1）一台实体计算机可以虚拟出若干台虚拟机，每台虚拟机都有独立的 CPU、内存、硬盘和操作系统，可以像操作实体计算机一样对虚拟机进行操作。（　　　　）

（2）在 VMware Workstation 宿主机的虚拟网卡 VMnet8 被禁用的情况下，NAT 网络模式下的虚拟机不能连接互联网。（　　　　）

（3）克隆功能可以将现有的一台虚拟机整体克隆生成完全一样的虚拟机。（　　　　）

4．实训题

（1）使用远程管理工具 MobaXterm 连接虚拟机。

（2）拍摄两张快照，并将虚拟机还原到第一个快照的状态。

中篇
体验云计算

项目 3

体验公有云

03

学习目标

【知识目标】

（1）了解公有云的特点。

（2）了解主流公有云平台。

（3）了解公有云提供的主要服务。

【技能目标】

（1）能够在公有云平台中完成账号注册。

（2）能够在公有云平台中购买并登录弹性云服务器。

（3）能够在公有云平台中管理弹性云服务器。

【素质目标】

（1）培养科技创新意识。

（2）培养民族自豪感。

（3）培养严谨细致的做事态度。

引例描述

我国云计算市场是全球增速最快的市场之一，其中，公有云占据了大量的市场份额。我国的云计算产品，如阿里云、腾讯云、华为云等主流公有云在技术创新、市场规模和生态系统建设等方面都取得了重要进展，成为全球云计算领域的重要参与者，其中阿里云连续多年在亚太地区市场占有率排名第一。

学习目标

引例描述

大学生小王的个人计算机在使用一些大型工具软件时，会出现运行缓慢甚至卡顿的现象。小王想到学校里计算机协会的同学经常帮助大家重装系统、维修计算机，于是他向计算机协会的学长求助。学长告诉小王，运行缓慢的原因是计算机被运行中的软件消耗了大量的CPU和内存资源，导致剩余资源不足。为了让硬件配置满足使用需求，学长建议小王通过升级内存和硬盘来提升计算机的运行速度。但小王通过之前的学习和调研，认为软件的更新换代很快，软件对系统资源的占用会持续增加，在硬件升级一段时间后，可能会再次出现系统资源不足的情况。如何解决这个问题呢？小王有了一个想法："既然云计算提供了IaaS服务，且具有动态可扩展的特点，何不从云中申请一台永不过时的计算机来使用呢？"小王的这一设想可以在公有云中实现。

3.1 项目陈述

对于大多数计算机使用者来说，自己动手升级计算机的操作系统或硬件是比较

项目陈述

困难的，这些操作往往需要由专业人员来完成。但在公有云平台中，这些操作将变得非常简单，只需通过操作鼠标，就可以在数秒内完成创建云服务器、变更云服务器的 CPU 和内存规格、为云服务器重装操作系统等工作。用户可以在任意地理位置通过网络访问云服务器，用完之后即可将其销毁，按使用量付费，使用成本相较于自己升级硬件的成本更低。

本项目将在一个公有云平台上注册一个用户，并从公有云平台中购买一台弹性云服务器，并完成对该弹性云服务器进行重置密码、变更规格、重装操作系统、切换操作系统和监控系统状态等操作，读者将在项目完成过程中体会公有云的特点以及公有云的功能。

3.2 必备知识

本节将介绍公有云的特点和主流公有云平台，同时介绍在使用公有云平台时可能遇到的一些专业名词，为后续在公有云中创建弹性云服务器做好知识储备。

3.2.1 公有云简介

公有云是由云服务提供商建设的、用以对公众开放的公共云服务平台。

公有云简介

最初，互联网服务提供商只是提供一些基本的互联网服务，例如，互联网接入、电子邮件、网页浏览、电子商务等。随着这些服务的规模不断扩大和成熟度不断提高，服务提供商开始将这些服务的底层支撑环境（IT 基础设施）作为服务提供给用户，这种模式被视为云计算的早期形式。亚马逊公司通过云计算技术构建云服务平台并以收费租赁的方式通过互联网向公众提供计算、存储、网络和应用等服务，形成了现代公有云平台的雏形。当前公有云已占据云计算大量的市场份额，各大 IT 企业竞相进入这个市场，其中包括谷歌、微软、阿里巴巴、腾讯、华为等。由于公有云拥有巨大的规模优势，单机成本相对较低，同时利用虚拟化技术将一台服务器虚拟成若干台服务器为用户服务，所以用户只需支付相对较低的成本就可以使用丰富的 IT 资源。相比自行购买硬件资源并部署应用的传统互联网服务构建模式，使用公有云所投入的资金成本和时间成本将会大大降低。公有云具有的如下 5 个特点使其能够快速"占领"互联网服务器市场。

（1）基础设施所有权属于云服务提供商

公有云的核心特点是基础设施所有权属于云服务提供商，云端资源向社会大众开放。符合条件的任何个人或组织都可以租赁并使用云端资源，且无须进行底层设施的运维。

（2）成本较低

公有云具有成本较低的优势，用户只需按需付费，无须承担高额的硬件购置和维护成本。用户从云端可以快速获取现有的 IT 资源，免去了购买硬件、部署软件、管理系统的烦琐步骤，能够大大节约时间成本和资金成本。

（3）使用便捷且易于扩展

公有云提供了便捷的使用体验，用户可以通过网络随时访问云服务。同时，公有云还具有良好的扩展性能，可以根据用户需求灵活调整资源规模。当服务器访问量增加时，可以根据扩容策略自动增加服务器，当服务器访问量降低时，可以根据缩容策略自动释放服务器，从而最大化节约成本，避免资源的浪费。例如，原本有两台云服务器在工作，当监控到云服务器的 CPU 使用率过高时，说明服务器压力较大，可以自动增加一台云服务器资源；当监控到云服务器的 CPU 使用率过低时，说明服务器比较空闲，可以自动释放一台云服务器资源以节约成本。

（4）资源共享

公有云中的资源是共享的，多个用户可以同时使用同一份资源，从而提高了资源的使用率。

（5）安全性有保证

公有云服务提供商通常会实施严格的安全措施以保护用户数据的安全和隐私。云服务提供商通常采用了多副本容错等方式保证云端数据的可靠性，用户不用担心数据丢失、病毒入侵等麻烦发生。例如，PC 可能会因为被病毒攻击或者物理损坏导致硬盘上的数据无法恢复，而云硬盘上的每一个数据块可能都被复制为了多个副本，并且这些副本被按照一定的分布式存储算法保存在不同的地方，从而保证用户的数据和应用程序在发生故障时仍能正常运行。

3.2.2 主流公有云

目前全球应用广泛的公有云包括国外的 AWS、Azure 和国内的阿里云、腾讯云、华为云等。我国公有云发展非常迅速，在世界云计算市场上占据着重要的地位。

主流公有云

1. AWS

AWS 是亚马逊公司在 2002 年启动研发，并于 2006 年正式投入商用的亚马逊 Web 服务平台。亚马逊公司是美国最大的网络电子商务公司，最开始以销售图书为主营业务，后续将销售商品种类扩大到了数码家电、母婴百货、服饰箱包等，经过多年的发展，亚马逊已成为全球销售商品种类最多的线上综合零售商及大型互联网科技公司。为了存储并处理海量的订单数据、产品数据和用户数据，亚马逊公司建立了自己的数据中心。而由于数据中心硬件资源的使用率并没有达到饱和，亚马逊公司想到可以将富余的服务器运作能力当作资源出售给开发者和初创企业，这些个人用户和小企业就不用花费大量金钱和精力购买硬件来服务自身应用了。于是在 2006 年，AWS 首次推出了弹性计算云（Elastic Compute Cloud，EC2）服务。目前 AWS 已经发展成为全球最大的云服务提供商，AWS 提供的部分云产品如图 3-1 所示。

分析	应用程序集成	成本管理	计算	容器
数据库	最终用户计算	开发人员工具	游戏技术	物联网
机器学习	管理工具	媒体服务	迁移	联网和内容分发
安全性、身份与合规性	无服务器	存储	查看所有产品	

图 3-1　AWS 提供的部分云产品（官网截图）

2. Azure

Azure 云计算平台于 2010 年正式推出，可以为企业和个人提供各种云计算服务，包括计算、存储、网络、数据库、分析和人工智能等，以帮助用户快速构建、部署和管理应用程序，提高业务效率和创新能力。Azure 云服务涵盖人工智能、Windows 虚拟桌面、安全、存储、分析、混合+多云、计算、开发人员工具、网络、数据库、物联网等多方面。微软当下的产品线几乎都在考虑和 Azure 云平台进行深度结合，使得 Azure 形成了一个从 IaaS、PaaS 到 SaaS 的完整云生态体系。图 3-2 所示为 Azure 提供的部分云产品。

图 3-2　Azure 提供的部分云产品（官网截图）

3. 阿里云

阿里云是阿里巴巴集团旗下的云计算平台。随着淘宝用户量的激增，淘宝后台每天要处理上亿次的用户操作，阿里巴巴的业务每年在成倍增长，阿里巴巴越来越感觉"脑力"不足。在对扩容成本进行考量后，阿里巴巴在 2009 年创立了阿里云，是国内最早进入云计算领域的云服务提供商。阿里云采用了自研的大规模分布式云计算操作系统"飞天"（Apsara）。该系统是我国第一种自研的云计算操作系统。它可以将遍布全球的百万级服务器连接成一台超级计算机，以在线公共服务的方式为社会提供计算服务。截至 2023 年 3 月，阿里云在全球范围内拥有超过 3000 万台服务器，覆盖了全球 22 个区域、70 个可用区。这些服务器不仅位于阿里云的核心市场——我国的数据中心，还分布在全球各地的数据中心，提供全球范围内的高性能和高可用性的云计算服务。阿里云已经发展成为全球领先的云计算服务提供商之一，目前阿里云在全球云计算市场中排名第三，在亚太市场中长期稳居第一，且其规模和影响力在不断扩大。

阿里云服务涵盖计算、存储、网络、安全、容器与中间件、数据库、大数据计算、人工智能与机器学习、企业与媒体服务、物联网、开发工具、运维管理等。图 3-3 所示为阿里云提供的部分云产品。

图 3-3　阿里云提供的部分云产品（官网截图）

42

4. 腾讯云

腾讯云从 QQ 起家，其雏形起源于腾讯开放平台，2010 年腾讯开始以开放平台的方式为合作伙伴提供服务，直到 2013 年，腾讯云才开始作为独立产品为公众提供服务。2016 年，腾讯云开始大力发展，并为广大开发者及企业提供云服务、云数据、云运营等一站式服务方案。腾讯云采用腾讯云遨驰（Tencent Cloud Orca）操作系统，是行业内首种"全域治理"的分布式云操作系统，这意味着它可以统一管理、调度和运维跨云、跨平台、跨地理位置的资源及应用，实现对资源和应用的统一管控。

腾讯云平台将中心云的产品和服务延伸到本地、边缘、终端，甚至是任意用户需要的地方，使云服务无处不在。不仅如此，用户还可以通过云开发、低代码平台等云原生平台，打通微信、企业微信通道，使云的入口延伸到端。腾讯云提供的部分云产品如图 3-4 所示。

图 3-4　腾讯云提供的部分云产品（官网截图）

5. 华为云

华为云是华为的公有云平台。华为是全球领先的信息与通信技术（Information and Communication Technology，ICT）基础设施和智能终端提供商。2010 年，华为提出了"云帆计划"，开始进军公有云市场，并在随后的几年里，开始重建华为云体系并完成服务化转型。目前，华为云已经发展成为国内乃至国际市场极具竞争力和影响力的公有云平台。

华为云拥有华为 30 多年的 ICT 积累和数字化转型经验，其产品包括计算、容器、存储、网络、内容分发网络（Content Delivery Network，CDN）与智能边缘、数据库、人工智能、大数据、物联网、应用中间件、开发与运维、华为云栈、视频、企业应用、区块链、移动应用服务等。华为云提供的部分云产品如图 3-5 所示。

图 3-5　华为云提供的部分云产品

3.2.3 云专业名词

在使用公用云时，会遇到一些专业名词，只有明白了这些专业名词的具体含义才能顺利地使用公有云平台。不同的公有云有功能上的差异，因此本书主要基于华为云进行讲解。

云专业名词

1. 区域和可用区

公有云是面向所有人开放的云平台，为了为全球用户就近提供快速可靠的云服务，公有云服务提供商通常会在全球范围内建立不同的数据中心。区域（Region）是指数据中心所在地的地理位置，用户可以根据自己所在地区和网络环境选择最近的区域，以获得更快的网络响应速度和更好的使用体验。例如，为了降低业务系统的访问时延，若业务服务对象集中在上海，则用户可以选择在华为云的华东-上海区域部署业务系统；若业务服务对象集中在我国西南地区，则用户可以选择在华为云的西南-贵阳区域部署业务系统。华为云部分区域如图3-6所示。

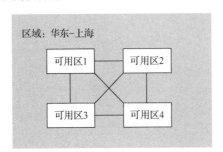

图3-6　华为云部分区域

需要注意的是，为了保证不同区域间最大程度的稳定性和容错性，不同区域之间是完全内网隔离的，即某用户在上海区域和贵阳区域创建的云主机默认不能通过内网地址相互访问。

可用区（Availability Zone，AZ）是指在同一区域内电力和网络互相独立的物理区域。一个区域通常由多个可用区组成，区域与可用区的关系如图3-7所示。设置可用区的意义在于当云平台硬件出现故障（大型灾害或者大型电力故障除外）时，不同可用区的故障可以相互隔离，不会出现故障扩散的问题，从而使得用户的业务可以持续在线提供服务，不会受到故障的影响。

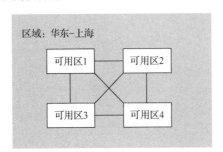
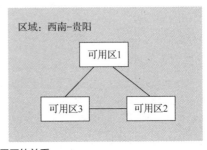

图3-7　区域与可用区的关系

目前，华为云的基础设施已经覆盖全球30个区域，运营85个可用区，覆盖170多个国家和地区。

阿里云已面向全球开放运营 30 个区域、89 个可用区。腾讯云的基础设施覆盖全球 26 个区域，运营 70 个可用区。

2. 弹性云服务器

弹性云服务器（Elastic Cloud Server，ECS）是由 CPU、内存、操作系统、云硬盘组成的基础计算组件。弹性云服务器创建成功后，可以像使用自己的本地 PC 或物理服务器一样，在云上使用弹性云服务器。弹性云服务器的开通是自助完成的，可以根据需求随时调整弹性云服务器的规格，打造可靠、安全、灵活、高效的计算环境。

为了服务用户不同的应用场景，在公有云平台中通常有不同规格的弹性云服务器可供选择。表 3-1 列出了华为云部分弹性云服务器规格类型，每种规格类型下提供了不同规格名称、内存、CPU、特性等的具体配置，价格也随之调整。

表 3-1　华为云部分弹性云服务器规格类型

规格类型	使用场景	规格举例 （规格名称|内存|CPU|特性|价格）
通用计算型	可用于大多数中轻载业务场景，如 Web 服务器、开发测试环境以及小型数据库应用等场景	s7.large.4 | 2vCPUs | 8GiB 价格：￥0.47/小时
内存优化型	可用于对内存要求较高、数据量大的应用，如关系数据库等场景	m7.large.8 | 2vCPUs | 16GiB 价格：￥0.73/小时
磁盘增强型	可用于处理需要高吞吐以及高数据交换处理的应用，如大数据应用等场景	d6.xlarge.4 | 4vCPUs | 16GiB | 20R3.6TB 独立本地 SATA 盘 价格：￥1.87/小时
GPU 加速型	可用于图形渲染要求较高的应用，如高清视频、图形渲染等场景	pi2.2xlarge.4 | 8vCPUs | 32GiB | 1 块 NVIDIA T4 显卡，16GB 内存 价格：￥7.32/小时
人工智能加速型	主要用于机器视觉、图像分类、语音识别等人工智能推理场景	ai1.large.4 | 2vCPUs | 8GiB | 1 个华为昇腾 310 人工智能处理器，8GB 内存 价格：￥1.1/小时

公有云中的弹性云服务器提供了 3 种计费模式。以华为云为例，弹性云服务器的计费模式分为按需计费、包年包月和竞价计费这 3 种，具体区别和使用场景说明如下。

① 按需计费：一种弹性计费模式，在这种计费模式下，用户可以随时开通或销毁弹性云服务器，按弹性云服务器的实际使用量付费。计费时间粒度精确到秒，不需要提前支付费用，整点进行一次结算，表 3-1 中的价格举例即采用了这种计费模式。这种计费模式适用于电商抢购、春运购票等设备需求量会瞬间大幅波动的场景。

② 包年包月：一种预付费模式，即提前一次性支付一个月或多个月甚至多年的费用，相较于按需计费模式，其单价更加低廉。这种付费模式适用于需求量长期稳定的成熟业务，即能提前预估设备需求量的场景。

③ 竞价计费：与按需计费模式类似，属于后付费模式（按秒计费，整点结算）。在竞价计费模式下，用户可以以折扣价购买并使用弹性云服务器，一般价格区间仅为按需计费的 10%～20%。但是当库存资源不足，或市场价格上浮超过用户的购买价格时，华为云会对这些折扣售卖的弹性云服务器进行中断回收。因此，用户在参与竞价时需要注意竞价的规则和风险，并根据自己的实际情况和需求进行选择。这种计费模式不适用于需长时间作业或稳定性要求极高的服务。

弹性云服务器和物理服务器对比优势明显，如表 3-2 所示。

表 3-2　弹性云服务器与物理服务器对比

对比内容	弹性云服务器	物理服务器
弹性扩展	可以根据需要任意增减	CPU、内存等资源是固定的，难以调整
交付速度	可以在数秒内实现资源交付	交付慢，通常需要数小时
可靠性	多数据中心备份	存在单点故障
安全性	云端自带安全防护	网络很难得到专业维护，安全性较差，需要配置专业的网络安全人员来看护
成本	计费模式灵活，成本较低	需要购买独立硬件，成本高
管理方式	通过云平台进行自动化管理和监控	硬件维护、系统更新、安全管理等需要手动维护

3. 虚拟私有云

在不同的公有云平台中对 VPC 的称呼略有不同，例如，阿里云中称其为专有网络，腾讯云中称其为私有网络，华为云中称其为虚拟私有云（Virtual Private Cloud，VPC），本项目后续的描述以华为云为准。VPC 为弹性云服务器、云数据库等云端资源提供了一个隔离的、私密的虚拟网络环境，每个 VPC 都是云端中的一个独立的局域网空间。弹性云服务器需要部署在 VPC 中，才能被使用和访问。

用户在创建 VPC 时，需要指定 VPC 使用的私有网段。当前华为云 VPC 支持的网段有 10.0.0.0/8～24、172.16.0.0/12～24 和 192.168.0.0/16～24。可以将 VPC 支持的网段分成若干 IP 地址块，即划分为若干个子网，通过子网划分可以帮助用户合理规划 IP 地址资源。VPC 中的所有云资源（如云服务器、云数据库等）都必须部署在子网内。

VPC 与子网的关系如图 3-8 所示。该 VPC 支持的网段为 192.168.0.0/16，从中划分出两个 IP 地址块作为两个子网，子网 1 的 IP 地址块为 192.168.1.0/24，子网 2 的 IP 地址块为 192.168.2.0/24，部署在子网中的弹性云服务器会从子网的地址块中分配到一个 IP 地址，图 3-8 中两台弹性云服务器通过子网分配的 IP 地址实现内网访问。

图 3-8　VPC 与子网的关系

4. 安全组

安全组类似于虚拟防火墙，为具有相同安全保护需求并相互信任的云服务器、云数据库等实例提供访问策略。如图 3-9 所示，用户可以在安全组中定义入方向和出方向访问规则，从而控制安全组内实例的入方向和出方向的网络流量，保护实例安全。

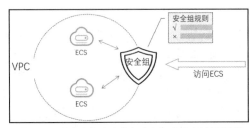

图 3-9　在安全组中定义入方向和出方向访问规则

在公有云平台中，VPC、子网和安全组这部分网络服务的使用都是免费的。

3.3 项目实施

本项目将在华为云平台中完成弹性云服务器的购买、登录和管理操作。

3.3.1 项目准备

在项目实施之前，请按照表 3-3 进行准备。

项目准备

表 3-3 项目准备

类别	名称	要求	来源
网络	互联网	连通互联网	自备
硬件	PC	Windows10 及以上，64 位专业版或企业版	自备
软件	浏览器	建议使用 Chrome 浏览器	自备并安装

3.3.2 注册公有云平台

注册公有云平台

1. 注册华为云平台

第 1 步，打开华为云首页。打开浏览器，在地址栏中输入华为云官网地址，按【Enter】键进入华为云首页，如图 3-10 所示。

图 3-10 华为云首页

第 2 步，注册华为账号。单击华为云首页导航栏右侧的【注册】按钮，进入图 3-11 所示的【华为账号注册】界面。

在【华为账号注册】界面的【手机号】文本框中输入手机号，单击【获取验证码】按钮，并将手机收到的短信验证码填写到【短信验证码】文本框中。在【密码】文本框中设置密码，密码要求至少为 8 个字符，并且要求同时包含字母和数字，不能包含空格。在【确认密码】文本框中再次输入密码进行确认。最终输入结果如图 3-12 所示。

单击【注册】按钮，弹出图 3-13 所示的【开通华为云】对话框。勾选该对话框中的复选框，单击【开通】按钮，完成开通华为云操作。进入图 3-14 所示的注册成功界面。至此，华为云注册成功。

图 3-11 【华为账号注册】界面

图 3-12 最终输入结果

图 3-13 【开通华为云】对话框

图 3-14 注册成功界面

2. 实名认证

登录到华为云控制台后，选择左侧【账号中心】中的【实名认证】选项，进入图 3-15 所示的【实名认证】界面。

图 3-15 【实名认证】界面

华为云实名认证分为"个人认证""企业认证"。"个人认证"适用群体为个人用户,"企业认证"适用群体为企业、党政及国家机关、事业单位、民办非企业单位、社会团体、个体工商户等。

选择图 3-15 所示界面中的【个人认证】选项,进入图 3-16 所示的【个人认证】界面。

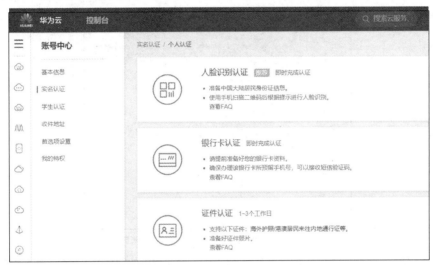

图 3-16 【个人认证】界面

选择【人脸识别认证】选项,弹出图 3-17 所示的【实名认证】对话框,这里需要通过手机微信或华为云 App 扫描二维码进入手机应用进行"人脸识别"。

图 3-17 【实名认证】对话框

完成人脸识别后，将弹出图 3-18 所示的【个人认证成功】对话框，单击【确定】按钮，个人实名认证结束。

图 3-18 【个人认证成功】对话框

3. 学生认证

实名认证结束后，如果是在校学生，则可进一步完成学生认证，以体验华为云面向高校学生的相关扶持政策和优惠活动。

登录到华为云控制台后，选择左侧【账号中心】中的【学生认证】选项，进入图 3-19、图 3-20 所示的【学生认证】界面。根据界面提示，填写学校所在地、学校名称、学历、入学时间等详细信息，并上传学生认证附件，单击【提交认证】按钮，完成学生认证操作。

图 3-19 【学生认证】界面：个人信息填写

图 3-20 【学生认证】界面：上传学生认证附件

3.3.3　创建 VPC 与子网

创建 VPC 与子网

在购买并创建弹性云服务器之前，需要创建一个 VPC 和子网，在云端为弹性云服务器虚拟出一个私有网络空间。

第 1 步，创建 VPC。登录到华为云控制台后，在控制台左侧展开图 3-21 所示的服务列表，选择【虚拟私有云 VPC】选项。

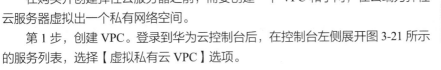

图 3-21　服务列表

进入图 3-22 所示的【虚拟私有云】界面，此时可以看到其中的列表项为空。

图 3-22　【虚拟私有云】界面

单击【创建虚拟私有云】按钮，进入【创建虚拟私有云】界面。【区域】可就近选择，以减少网络时延，本例在其下拉列表中选择【西南-贵阳一】选项；VPC 的名称可自定义，本例在【名称】文本框中输入"vpc-01"；【IPv4 网段】已默认输入"192.168.0.0/16"，保持默认配置即可；【高级配置】中的【标签】和【描述】是输入项，本例保持为空，如图 3-23 所示。

图 3-23　【创建虚拟私有云】界面

第 2 步，创建子网。云服务器等资源需部署于 VPC 的子网中，因此每个 VPC 至少包含一个子网，且要求创建 VPC 的同时创建默认子网。

将图 3-23 所示的【创建虚拟私有云】界面下滑到【默认子网】配置界面，设置该 VPC 的默认子网。如图 3-24 所示，在【可用区】下拉列表中任意选择一个可用区，本例选择【可用区 4】选项；子网名称也可自定义，本例在【名称】文本框中输入"subnet-01"；【子网 IPv4 网段】已默认输入"192.168.1.0/24"，保持默认配置即可。

图 3-24 【默认子网】配置界面

完成默认子网配置后，继续在 VPC 中添加其他子网。为了便于今后云资源的多可用区部署，建议将每个子网分别创建在不同可用区中。

单击图 3-24 所示界面中的【添加子网】按钮，展开【子网 1】配置界面，在【可用区】下拉列表中选择【可用区 5】选项；在【名称】文本框中输入"subnet-02"；在【子网 IPv4 网段】文本框中输入"192.168.2.0/24"，如图 3-25 所示。

图 3-25 【子网 1】配置界面

继续单击图 3-25 所示界面中的【添加子网】按钮，展开【子网 2】配置界面，在【可用区】下拉列表中选择【可用区 1】选项；在【名称】文本框中输入"subnet-03"；在【子网 IPv4 网段】文本框中输入"192.168.3.0/24"，如图 3-26 所示。

图 3-26 【子网 2】配置界面

3 个子网配置完成后，在【创建虚拟私有云】界面最下方可以看见"免费创建"字样和【立即创建】按钮。

单击【立即创建】按钮，完成 VPC 的创建。页面将自动回到图 3-27 所示的【虚拟私有云】界面。

图 3-27 【虚拟私有云】界面

此时，可以看到刚刚创建的 VPC，并且它的【状态】为"可用"。至此，VPC 与子网的创建操作全部完成。

3.3.4 购置弹性云服务器

将 VPC 和子网创建好之后，可以购买并创建弹性云服务器。目前已有的 VPC"vpc-01"、子网"subnet-01"和将购买的弹性云服务器之间的网络拓扑如图 3-28 所示，弹性云服务器位于 VPC"vpc-01"的子网"subnet-01"中。

购置弹性云服务器

1. 进入弹性云服务器控制台

登录到华为云控制台后，在其界面左侧展开图 3-29 所示的服务列表，选择【弹性云服务器 ECS】选项。

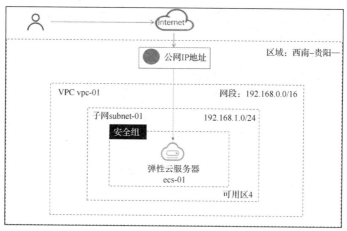

图 3-28　网络拓扑

图 3-29　服务列表

进入图 3-30 所示的【云服务器控制台】界面，单击右上角的【购买弹性云服务器】按钮，进入【购买弹性云服务器】界面。在【购买弹性云服务器】界面中，将经过"基础配置""网络配置""高级配置""确认配置"4 个步骤来完成弹性云服务器购买操作。

图 3-30　【云服务器控制台】界面

2. 弹性云服务器的基础配置

进入【购买弹性云服务器】界面后，在【区域】下拉列表中选择【西南-贵阳一】选项；【计费模式】选择【按需计费】；【可用区】选择【可用区 4】，如图 3-31 所示。

图 3-31　【购买弹性云服务器】界面：区域、计费模式、可用区设置

将界面下移，继续进行基础配置，如图 3-32 所示，选择弹性云服务器的 CPU 架构和规格。在【CPU 架构】中选择【x86 计算】选项；此界面中所列出的云主机的硬件规格均可根据需求任意选择（费用不同），本例在【规格】中选择【通用计算型】选项，界面下方的列表将罗列出所有此类型云主机可供选择的云主机（实例）规格。本例中选用【规格名称】为"s6.medium.2"的云主机。

图 3-32 【购买弹性云服务器】界面：选择 CPU 架构与规格

继续将界面下移，选择弹性云服务器的镜像和系统盘。镜像是服务器的"装机盘"，可以选择某个操作系统进行安装。如图 3-33 所示，本例中【镜像】选择【公共镜像】以使用云平台提供的镜像资源，然后在其下方第一个下拉列表中选择【Windows】选项，在第二个下拉列表中选择操作系统版本为【Windows Server 2016 标准版 64 位简体中文】；【安全防护】保持默认选择；【系统盘】保持选择【通用型 SSD】选项，默认容量为"40"GiB，可以根据需要调整容量大小，本例保持"40"GiB 不变。

图 3-33 【购买弹性云服务器】界面：选择镜像和系统盘

在此界面底部，保持【购买量】为"1"台。此时云计算平台将列出此云主机所需的配置费用和镜像费用，如果基础配置确认无误，并能接受该价格，则单击图 3-33 所示界面右下角的【下一步:网络配置】按钮，进入弹性云服务器的网络配置。

3. 弹性云服务器的网络配置

完成基础配置后，将进入【网络配置】界面，在这里将弹性云服务器部署在某个 VPC 的子网中。

如图 3-34 所示，在【网络】的第一个下拉列表中选择已创建的"vpc-01(192.168.0.0/16)"选项，在第二个下拉列表中选中子网"subnet-01(192.168.1.0/24)"；在【安全组】下拉列表中选择【default】选项，该默认安全组支持用户对 Windows 操作系统和 Linux 操作系统的远程登录。

图 3-34 【购买弹性云服务器】界面：选择 VPC 网络与子网

继续将界面下移，进入购买网络界面。如图 3-35 所示，【弹性公网 IP】保持默认选中的【现在购买】单选按钮；【公网带宽】选择【按流量计费】，并保持【带宽大小】为默认的"1"Mbit/s；在【释放行为】选项组中勾选【随实例释放】复选框。

图 3-35 【购买弹性云服务器】界面：购买网络

此时，在图 3-35 所示界面底部可以看到费用组成中增加了一笔"弹性公网 IP 流量费用"。

4. 弹性云服务器的高级配置

网络配置确认无误后，单击图 3-35 右下角的【下一步:高级配置】按钮，进入图 3-36 所示的【高级配置】界面，在这里完成弹性云服务器的名称、登录凭证和密码等配置。

图 3-36 【购买弹性云服务器】界面：高级配置

在图 3-36 所示界面中,【云服务器名称】可自定义,本例在【云服务器名称】文本框中输入 "ecs-01" 作为购买的弹性云服务器的名称。

将界面下移,如图 3-37 所示,在【登录凭证】中选择以【密码】进行验证;在【密码】文本框中自定义满足复杂性要求的云服务器登录密码,如本例中设置密码为 "Flzx3qc.123123",输入的密码默认显示为圆点;在【确认密码】文本框中输入同样的密码以确认。如忘记密码,则可登录弹性云服务器控制台重置密码。

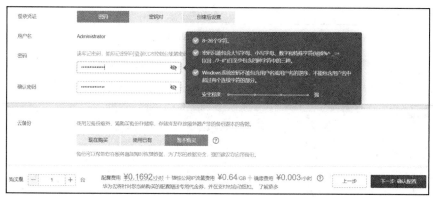

图 3-37 【购买弹性云服务器】界面:配置登录凭证和密码

其余保持默认配置,单击【下一步:确认配置】按钮,进入图 3-38 所示的【确认配置】界面。

图 3-38 【购买弹性云服务器】界面:确认配置

确认信息无误后,继续将界面下移,如图 3-39 所示,勾选【协议】选项组中的相应复选框,界面底部显示了最终购买该弹性云服务器的费用组成。

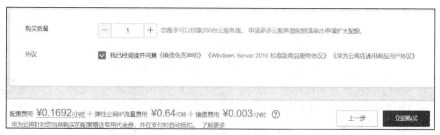

图 3-39 弹性云服务器的费用组成

单击图 3-39 所示界面中的【立即购买】按钮，进入图 3-40 所示的【任务提交成功！】界面，此时华为云开始以秒级的速度迅速完成弹性云服务器的创建。

图 3-40　【任务提交成功！】界面

单击【返回云服务器列表】按钮，回到【弹性云服务器】界面，界面中列出了已经购买的云服务器"ecs-01"，该云服务器的状态为"创建中"，如图 3-41 所示。

图 3-41　弹性云服务器的状态为"创建中"

几秒后该云服务器的状态变更为图 3-42 所示的"运行中"。

图 3-42　弹性云服务器的状态变更为"运行中"

列表中的云服务器的信息列有很多，其 IP 地址在该界面中可能展示不完整，将鼠标指针置于 IP 列中方，即可显示出"ecs-01"云服务器已经分配的弹性公网 IP 地址和私有 IP 地址，如图 3-43 所示，单击 IP 列中的图标可以复制地址。

图 3-43　查看弹性云服务器的弹性公网 IP 地址和私有 IP 地址

3.3.5　登录弹性云服务器

本小节介绍两种登录弹性云服务器的方法。

1. 通过华为云控制台提供的 VNC 方式登录

登录弹性云服务器

单击图 3-43 所示界面中 "ecs-01"【操作】列中的【远程登录】链接，进入图 3-44 所示的【登录 Windows 弹性云服务器】界面，单击【其他方式】选项组中的【立即登录】按钮，即可登录弹性云服务器。

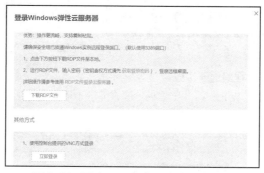

图 3-44　通过 VNC 方式登录弹性云服务器

登录后进入图 3-45 所示的 Windows 界面。

图 3-45　Windows 界面

选择 Windows 界面上方的【Ctrl+Alt+Del】选项，进入图 3-46 所示的 Windows 登录界面，在文本框中输入弹性云服务器登录密码后，按【Enter】键即可登录弹性云服务器。

59

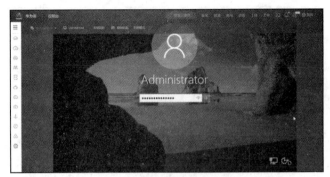

图 3-46　Windows 登录界面

　　登录成功后将进入图 3-47 所示的 Windows 操作系统的桌面，此时用户可以像操作本地计算机一样操作这台弹性云服务器。

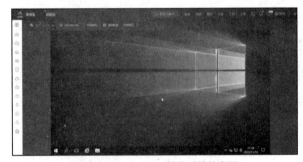

图 3-47　Windows 操作系统的桌面

2. 通过本地计算机的远程桌面连接登录

　　在本地计算机键盘上按【Windows + R】组合键，弹出【运行】对话框，如图 3-48 所示，在【打开】文本框中输入"mstsc"后，单击【确定】按钮。

图 3-48　【运行】对话框

　　打开图 3-49 所示的【远程桌面连接】窗口。

图 3-49　【远程桌面连接】窗口

单击该对话框下方的倒三角按钮，展开【显示选项】，如图 3-50 所示，在【计算机】文本框中输入弹性云服务器的弹性公网 IP 地址，如本例的"122.9.165.116"；在【用户名】文本框中输入 Windows 云服务器的默认管理员用户名"Administrator"；勾选【允许我保存凭据】复选框；单击【连接】按钮。

图 3-50　展开【显示选项】后的【远程桌面连接】窗口

弹出【远程桌面连接】对话框，如图 3-51 所示，先勾选【不再询问我是否连接到此计算机】复选框，再单击【是】按钮。

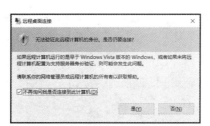

图 3-51　【远程桌面连接】对话框

在弹出的【Windows 安全中心】对话框中，如图 3-52 所示，在密码文本框中输入 3.3.4 小节的操作中所设置的弹性云服务器密码，单击【确定】按钮完成凭据输入，登录弹性云服务器。

图 3-52　【Windows 安全中心】对话框

登录成功后将进入图 3-53 所示的 Windows 系统桌面，此时用户可以像操作本地计算机一样操作这台弹性云服务器。

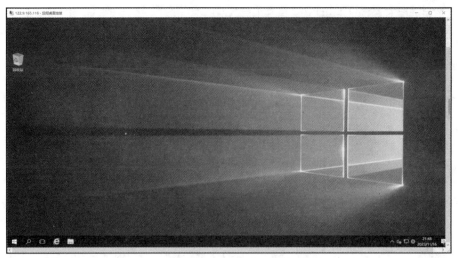

图 3-53　Windows 系统桌面

3.3.6　管理弹性云服务器

1. 重置密码

如果用户遗忘了弹性云服务器的登录密码，则可以在云上对密码进行重置。

管理弹性云服务器

注意　　如果云服务器处于"运行中"状态，则重置密码后需重启云服务器，输入新密码才可生效。

第 1 步，关机。在图 3-54 所示的【弹性云服务器】界面中，选择【操作】列中的【更多】→【关机】选项。

图 3-54　【弹性云服务器】界面：关机操作

弹出图 3-55 所示的【关机】对话框。在【关机方式】选项组中保持默认选中【关机】单选按钮，单击【是】按钮，完成关机操作。

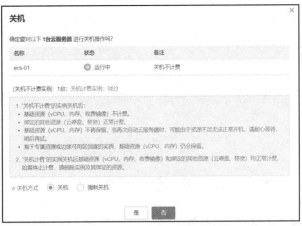

图 3-55 【关机】对话框

此时，如图 3-56 所示，弹性云服务器"ecs-01"的状态由"运行中"变更为"关机"。

图 3-56 弹性云服务器"ecs-01"的状态由"运行中"变更为"关机"

第 2 步，重置密码。在图 3-57 所示的【弹性云服务器】界面中，选择【操作】列中的【更多】→【重置密码】选项。

图 3-57 【弹性云服务器】界面：重置密码操作

弹出【重置密码】对话框。如图 3-58 所示，在该对话框的【新密码】文本框中输入新的密码；在【确认密码】文本框中再次输入这个新密码进行确认。

图 3-58 【重置密码】对话框

单击【确定】按钮，完成弹性云服务器的密码重置操作。

2. 变更规格

华为云平台支持随时变更弹性云服务器的 CPU 和内存等硬件规格。

 注意 变更规格不影响云服务器系统盘和数据盘的数据。

在图 3-59 所示的【弹性云服务器】界面中，选择【操作】列中的【更多】→【变更规格】选项。

图 3-59 【弹性云服务器】界面：变更规格操作

进入图 3-60 所示的【云服务器变更规格】界面。

图 3-60 【云服务器变更规格】界面

　　将界面下移，显示弹性云服务器规格列表，如图 3-61 所示，按需选择变更后的硬件规格，如本例选择变更的规格为"通用计算型 s6|s6.medium.4|1vCPUs|4GiB"，界面最底部将显示变更后的费用组成。

图 3-61　弹性云服务器规格列表

　　单击【下一步】按钮，进入图 3-62 所示的变更规格详情界面。

图 3-62　变更规格详情界面

　　勾选【我已经阅读并同意《镜像免责声明》】复选框，单击【提交申请】按钮，进入图 3-63 所示的【任务提交成功！】界面。

图 3-63　【任务提交成功！】界面

单击【返回云服务器列表】按钮，回到图 3-64 所示的【弹性云服务器】界面。在【规格/镜像】列中可看到对应的云主机的硬件规格已经更改为"1vCPUs|4GiB|s6.medium.4"。

图 3-64 【弹性云服务器】界面：云服务器规格已变更

3. 重装操作系统

华为云平台支持快速重装操作系统。类似于本地计算机的系统还原，弹性云服务器也是用原始镜像进行系统还原的，此操作不收费。

 注意 重装操作系统不影响数据盘中的数据，但是系统盘的所有分区数据会被删除。

在【弹性云服务器】界面中，选择【操作】列中的【更多】→【镜像】→【重装操作系统】选项，如图 3-65 所示。

图 3-65 【弹性云服务器】界面：重装操作系统操作

弹出【重装操作系统】对话框，保持【登录凭证】为【密码】，在【密码】文本框和【确认密码】文本框中分别输入重装后操作系统的登录密码，如图 3-66 所示。

单击【确定】按钮，弹出【确认重装操作系统】对话框。如图 3-67 所示，在该对话框中勾选【我已经阅读并同意《镜像免责声明》】复选框，单击【确定】按钮。

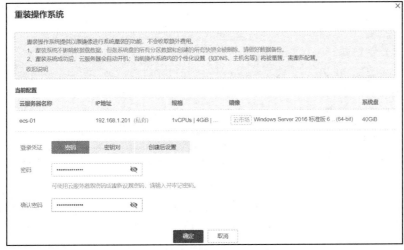

图 3-66 【重装操作系统】对话框

图 3-67 【确认重装操作系统】对话框

弹出图 3-68 所示的【任务提交成功！】提示框，单击【确认】按钮。

图 3-68 【任务提交成功！】提示框

此时弹性云服务器正在重装操作系统，在【状态】列中可看到弹性云服务器"ecs-01"的状态为"关机 重装系统中"，如图 3-69 所示。

图 3-69 【弹性云服务器】界面：弹性云服务器"ecs-01"的状态为"关机 重装系统中"

重装操作系统完成以后，弹性云服务器将会自动开机。刷新页面后，可在【状态】列中看到弹性云服务器"ecs-01"的状态已变更为"运行中"，如图 3-70 所示。

图 3-70 【弹性云服务器】界面：弹性云服务器的"ecs-01"状态已变更为"运行中"

4. 切换操作系统

华为云平台支持快速切换云服务器的操作系统，用户可以选择新的镜像对云服务器进行重装以切换操作系统。

> **注意** 切换操作系统不影响数据盘中的数据，但是系统盘的所有分区数据会被删除。

本任务将操作系统切换为"Windows Server 2022 标准版 64 位中文"版本。

在【弹性云服务器】界面中，选择【操作】列中的【更多】→【镜像】→【切换操作系统】选项，如图 3-71 所示。

图 3-71 【弹性云服务器】界面：切换操作系统操作

进入图 3-72 所示的【切换操作系统】对话框的初始界面，此时【确定】按钮处于灰色不可用状态。勾选【立即关机（切换操作系统前需先将云服务器关机）】复选框；在【镜像】选项组中选择【公共镜像】选项，在其下方的【请选择操作系统】下拉列表中选择操作系统为【Windows】，在【请选择操作系统版本】下拉列表中选择操作系统版本为【Windows Server 2022 标准版 64 位中文】；在【密码】文本框和【确认密码】文本框中可以使用云服务器原密码或设置新密码。其余保持默认配置即可。

配置好的【切换操作系统】对话框如图 3-73 所示，【确定】按钮已经由灰色转变为红色（处于可用状态），单击【确定】按钮，将信息提交给云平台。

图 3-72 【切换操作系统】对话框的初始界面

图 3-73 配置好的【切换操作系统】对话框

　　弹出【确认切换操作系统】对话框，如图 3-74 所示，勾选该对话框底端的复选框，并单击【确定】按钮。

图 3-74 【确认切换操作系统】对话框

进入图 3-75 所示的【任务提交成功！】界面，单击【确认】按钮即可。

图 3-75 【任务提交成功！】界面

此时在【弹性云服务器】界面的弹性云服务器列表的【状态】列中可看到弹性云服务器"ecs-01"的状态为"运行中 切换操作系统中"，如图 3-76 所示。

图 3-76 【弹性云服务器】界面：弹性云服务器"ecs-01"的状态为"运行中 切换操作系统中"

刷新页面后，在【状态】列中可看到弹性云服务器"ecs-01"的状态已变更为"运行中"，另外，在【规格/镜像】列中可看到弹性云服务器"ecs-01"的镜像已经变更为"Windows Server 2022 标准版 64 位中文"，如图 3-77 所示。

图 3-77 【弹性云服务器】界面：弹性云服务器"ecs-01"操作系统切换完成

5. 通过基础监控功能监控弹性云服务器运行状态

华为云为弹性云服务器的使用提供了基础监控功能，通过该功能能够随时监控包括"CPU 使用率""(Windows)内存使用率""(Windows)磁盘使用率""磁盘读带宽"等在内的基础信息。

在【弹性云服务器】界面中，单击要监控的弹性云服务器的名称，如本例弹性云服务器的名称"ecs-01"，进入图 3-78 所示的对应弹性云服务器的详情界面。

图 3-78　对应弹性云服务器的详情界面

选择【监控】选项，进入图 3-79 所示的【基础监控】界面，可看到云服务器在不同时间段内的"CPU 使用率""(Windows)内存使用率"等基础指标详情信息。根据这些信息，用户可以很清楚地掌握自己的云服务器的具体运行状态。

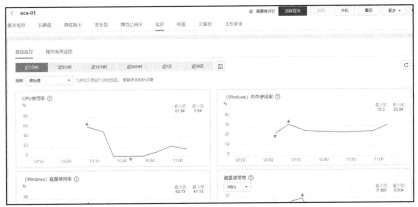

图 3-79　弹性云服务器的详情界面:【基础监控】界面

6. 删除弹性云服务器

华为云提供的弹性云服务器服务是收费的，如本项目中购买的弹性云服务器选用的计费模式为"按需计费"，即弹性云服务器费用是按秒计费、按小时结算的，学习完弹性云服务器的相关操作后，应删除弹性云服务器以免产生不必要的费用。

> **注意**　　公有云的服务通常是收费的，结束使用后要将所有收费项目全部删除，否则会因持续计费而造成浪费。

在要删除的弹性云服务器的详情界面中，选择【更多】→【删除】选项，如图 3-80 所示。

图 3-80　弹性云服务器的详情界面:删除弹性云服务器操作

弹出【删除】对话框，如图 3-81 所示，在【删除设置】界面中，勾选【删除云服务器绑定的弹性公网 IP 地址】和【删除云服务器挂载的数据盘】复选框。

图 3-81 【删除】对话框：删除设置

单击【下一步】按钮，进入【资源明细】界面。按照界面提示，在界面最下面的文本框中输入"DELETE"确认删除，如图 3-82 所示，单击【确定】按钮。

图 3-82 【删除】对话框：资源明细

当删除弹性云服务器的命令提交成功后，华为云平台会回收该弹性云服务器的相关资源，并按使用情况结算最终产生的费用。

3.4 项目小结

公有云是面向公众开放的云服务，使用门槛低，用户只需支付相对较低的成本就可以使用丰富的云服务。本项目介绍了公有云的特点，列举了 AWS、Azure、阿里云、腾讯云、华为云这 5 个主流公有云平台的技术背景和业务特长，最终选择在华为云平台中进行注册和操作。

项目小结

在项目实施环节，使用了公有云的网络服务和计算服务，在华为云的"西南-贵阳"区域中购买了一台弹性云服务器，并快速完成了弹性云服务器的变更规格、重装操作系统、切换操作系统等操作，让读者了解到用户可以按照自己的需求向公有云申请资源，所有的操作都是用户在华为云平台上自助完成的。使用公有云就像生活中使用水、电等资源一样方便快捷。

3.5 项目练习题

1. 选择题

（1）下列属于国内主流的公有云平台的是（　　　）。

    A．华为云　　　　　　B．腾讯云　　　　　　C．阿里云　　　　　　D．AWS

（2）以华为云为例，弹性云服务器的计费模式包括（　　　）。

    A．包年包月　　　　　B．按需计费　　　　　C．竞价计费　　　　　D．按时计费

（3）购买云服务器时可以设置的参数包括（　　　）。

    A．CPU 规格　　　　B．内存规格　　　　C．系统盘的大小　　　D．登录方式

（4）下列属于华为云弹性云服务器规格类型的有（　　　）。

    A．通用计算型　　　B．内存优化型　　　C．磁盘增强型　　　D．GPU 加速型

2. 填空题

（1）区域指公有云服务提供商数据中心所在地的_____，通常按照数据中心所在的城市划分。

（2）一个区域通常由多个可用区组成，可用区是指在同一区域内电力和网络互相独立的_____。

（3）按需计费_____提前支付费用，每小时整点进行一次结算。

（4）当前华为云 VPC 支持的网段有_____、_____和_____。

（5）_____为云端资源提供了一个隔离的、私密的虚拟网络环境。

3. 实训题

登录华为云，在"华北-北京四"区域中创建名为 vpc02 的 VPC，并在该 VPC 下创建一台名为"ecs-02"的 Windows Server 弹性云服务器。

项目 4
体验私有云

04

学习目标

【知识目标】
（1）理解私有云的定义。
（2）了解私有云的优势。
（3）了解主流私有云产品。
（4）了解OpenStack云平台的起源与发展。

【技能目标】
（1）能够应用虚拟机镜像搭建私有云平台。
（2）能够在私有云平台中创建云主机。
（3）能够应用私有云平台中的云主机。

【素质目标】
（1）培养数据安全防范意识。
（2）培养勇于尝试新技术的精神。
（3）培养阅读技术文档的专注力。

引例描述

在学习了虚拟化技术和尝试使用了公有云后，小王认识到云主机是通过软件将原有的硬件"一变多"虚拟出来的，一个计算机数据中心被虚拟成云后可服务众多用户。所以，成千上万使用公有云的用户的业务数据将会集中至云上。公

学习目标

引例描述

有云是面向互联网的，所以公有云的管理者有技术能力获取用户数据，即存在黑客从云上窃取用户数据的风险。在2021年颁布的《中华人民共和国数据安全法》中明确了"关系国家安全、国民经济命脉、重要民生、重大公共利益等数据属于国家核心数据，实行更加严格的管理制度"。可以看出，在当今时代，数据已经成为重要的战略性资源，是现代企业的核心资产和数字化转型发展的基础性资源，因此数据安全不容有失。

那么应该如何保证数据的安全呢？小王有了一个想法："能不能利用我自己的计算机来搭建一个属于自己的云平台，而且这个平台只对我自己和舍友开放呢？既然该平台面向指定用户且硬件资源由自己管理，是否可以在很大程度上避免云平台数据泄露的风险呢？"小王设想的这种面向单一用户的云平台就是私有云平台。

4.1　项目陈述

　　私有云服务是由云服务软件系统提供的，所以选择合适的云平台软件非常重要。通过对比分析，小王选择了目前市场占有率较大、开源且免费的 OpenStack 云计算管理平台。

　　本项目将利用本书的配套资源搭建一个基于 OpenStack 的私有云平台，然后利用该平台来创建、使用并管理云主机，使读者在完成项目过程中体会什么是私有云，了解私有云的特色，体验私有云的应用。

项目陈述

4.2　必备知识

　　本节将介绍云计算服务的一种重要类型——"私有云"的定义，以及私有云与公有云相比具有的优势；同时介绍两种目前市场上主流的私有云产品 VMware vSphere 和 OpenStack，其中着重介绍 OpenStack 开源云计算平台的起源与版本演进。

4.2.1　私有云简介

　　私有云是为一个用户（如一家企业或一个部门）单独使用而构建的，该用户拥有该云的全部资源并自行管理与运维该云。由于私有云通常是由用户自己购买硬件进行搭建并自行管理的，因此使用私有云所需的硬件投入和管理成本通常远大于直接使用公有云，那么它为什么能在国内云计算市场立足，并处于重要地位呢？因为与公有云相比，私有云具有如下 3 个优势。

1. 数据更安全

　　虽然每个公有云服务提供商都对外宣称，其服务在各方面都非常安全，特别是在对数据的管理上，但是对某些大型企业和政府部门而言，它们的重要数据是其生命线，不能受到任何形式的威胁，而将这些重要数据放到由其他人管理的公有云上是具有一定风险的。对它们来说，使用自己管理的私有云就能避免上述风险。因此，私有云被广泛应用到学校、政府机构、金融行业、医疗企业等对数据安全要求较高的单位。

2. 网络更稳定

　　和公有云通过互联网使用不同，私有云通常建设在基于局域网的企业内部网络内。因为局域网比互联网更加稳定、可靠，所以当内部员工访问那些基于私有云的应用时，几乎不会受到网络不稳定的影响。

3. 可以实现个性化定制

　　实现硬件的个性化定制：私有云可以使用企业现有的硬件资源来构建，如对原有数据中心进行升级、改造，这样将极大地降低企业的成本。

　　实现软件的个性化定制：公有云提供的现成服务并不一定能够很好地支持企业现有的业务，而私有云可以比较容易地进行个性化定制以适配企业特定软件上云。

私有云软件系统简介

4.2.2　私有云软件系统简介

　　目前国内私有云市场占有率最高的两种软件系统为 VMware vSphere 和 OpenStack。

1. VMware vSphere 简介

VMware vSphere 是由云计算基础架构解决方案提供商——威睿公司出品的一种闭源且收费的虚拟化软件系统，其特点是安装与使用简单，由专业公司提供软件支持服务。图 4-1 所示为 VMware vSphere 的 Logo。

图 4-1　VMware vSphere 的 Logo

VMware vSphere 可将数据中心转换为由若干虚拟机和虚拟网络构成的云环境，并提供了相应工具来管理这个云环境中的所有虚拟设备。它是一个软件集合，包括多款软件，ESXi、vCenter Server、vSphere Client 是其中的重要软件。ESXi 是一个用于创建并运行虚拟机和虚拟设备的虚拟化平台。而 vCenter Server 是该平台的管理软件，用于管理网络中连接的多台 ESXi 主机。vSphere Client 是一个管理客户端，管理员通过它连接到 vCenter Server 来管理云平台。图 4-2 所示为 VMware vSphere 的云平台结构示意。

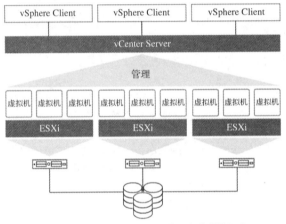

图 4-2　VMware vSphere 的云平台结构示意

2. OpenStack 简介

OpenStack 是由美国国家航空航天局（National Aeronautics and Space Administration，NASA）和云计算中心 Rackspace 在 2010 年合作研发的一种开源软件系统。图 4-3 所示为 OpenStack 的 Logo。

图 4-3　OpenStack 的 Logo

OpenStack 原本是作为一个公有云管理平台进行设计的，因此其功能非常强大。它由控制节点服务器通过网络整合大量的计算节点服务器与若干存储节点服务器集群，其中的计算节点服务器通过调用虚拟化程序来产生和管理虚拟机。图 4-4 所示为 OpenStack 的云平台结构示意。

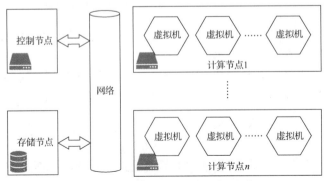

图 4-4　OpenStack 的云平台结构示意

OpenStack 的安装与运维相对 VMware vSphere 而言更加复杂，对人员的技术要求较高。但由于它是开源且免费的软件平台，因此目前 OpenStack 与其衍生产品正被广泛应用在各行各业中，其用户包括思科、华为、英特尔、IBM、希捷等公司。

作为开源社区维护的开源软件，OpenStack 的版本更新非常频繁，从 2010 年发布第一个版本 Austin 后，以几乎每半年发布一个新版本的频率持续更新。与其他软件的版本号采用数字编码不同，OpenStack 采用英文单词描述不同的版本，并按照单词首字母的排列顺序来区分软件的新旧。例如，版本"Train"比之前的"Stein"版本要新，其发布时间可以参考 OpenStack 的官方网站。表 4-1 所示为截至 2024 年 2 月的 OpenStack 各版本名与发行时间。

表 4-1　截至 2024 年 2 月的 OpenStack 各版本名与发行时间

序号	版本名	发行时间	目前状态
1	2024.1 Caracal (SLURP)	2024-04-03（计划发行）	开发中（Development）
2	Bobcat	2023-10-04	正常维护中（Maintained）
3	Antelope	2023-03-22	正常维护中（Maintained）
4	Zed	2022-10-05	正常维护中（Maintained）
5	Yoga	2022-03-30	停止维护（Unmaintained）
6	Xena	2021-10-06	延续维护中（Extended Maintenance）
7	Wallaby	2021-04-14	延续维护中（Extended Maintenance）
8	Victoria	2020-10-14	延续维护中（Extended Maintenance）
9	Ussuri	2020-05-13	生命周期终结（End Of Life）
10	Train	2019-10-16	生命周期终结（End Of Life）
11	Stein	2019-04-10	生命周期终结（End Of Life）
12	Rocky	2018-08-30	生命周期终结（End Of Life）
13	Queens	2018-02-28	生命周期终结（End Of Life）
14	Pike	2017-08-30	生命周期终结（End Of Life）
15	Ocata	2017-02-22	生命周期终结（End Of Life）
16	Newton	2016-10-06	生命周期终结（End Of Life）
17	Mitaka	2016-04-07	生命周期终结（End Of Life）
18	Liberty	2015-10-15	生命周期终结（End Of Life）
19	Kilo	2015-04-30	生命周期终结（End Of Life）
20	Juno	2014-10-16	生命周期终结（End Of Life）
21	Icehouse	2014-04-17	生命周期终结（End Of Life）
22	Havana	2013-10-17	生命周期终结（End Of Life）
23	Grizzly	2013-04-04	生命周期终结（End Of Life）
24	Folsom	2012-09-27	生命周期终结（End Of Life）
25	Essex	2012-04-05	生命周期终结（End Of Life）
26	Diablo	2011-09-22	生命周期终结（End Of Life）
27	Cactus	2011-04-15	生命周期终结（End Of Life）
28	Bexar	2011-02-03	生命周期终结（End Of Life）
29	Austin	2010-10-21	生命周期终结（End Of Life）

从表 4-1 中可以看出，截至 2023 年 10 月 OpenStack 已经发行了 28 个版本。其中，U（Ussuri）版本及其以前的版本已经结束了整个软件生命周期（End Of Life），不再推荐使用；V 版本到 X 版本还属于延续维护（Extended Maintenance）状态；而 Z 版本及更新的版本属于正常维护中（Maintained）状态。

4.3 项目实施

本项目将利用已安装好的 OpenStack 快照，在 VMware 虚拟机上快速构建双节点 OpenStack 云计算平台，并在该平台上实践如何创建及管理云主机。

项目准备

4.3.1 项目准备

在项目实施之前，请按照表 4-2 进行准备。

表 4-2　项目准备

类别	名称	要求	来源
硬件	PC	Windows 10 及以上版本，64 位专业版或企业版	自备
	CPU	Intel CPU（支持 Intel VT），或 AMD CPU（支持 AMD-V），并在计算机的 BIOS 中开启 CPU 虚拟化支持	自备
	硬盘	可用空间大小在 200GB 以上	自备
	内存	8GB 以上	自备
软件	VMware Workstation	16.0 以上版本	从本书提供的教材资源中下载试用版（VMware Workstation 17.5）
	Chrome 浏览器		自备并安装
	OpenStack 的快照		从本书提供的教材资源中下载
	百度网盘 PC 端应用		自备并安装

1. 获取 OpenStack 的快照

通过本书提供的网址，找到本书提供的教材资源中的"教材资源"文件夹。图 4-5 所示为从"教材资源"文件夹中获取 OpenStack 的快照的示意。

图 4-5　从"教材资源"文件夹中获取 OpenStack 的快照的示意

将"计算节点""控制节点"两个文件夹完整地下载到本地备用。

2. 获取本书提供的 VMware Workstation 试用版

VMware Workstation 可以从 VMware 官网下载，本书提供了一款试用版软件，读者可以下载与使用。图 4-6 所示为获取安装文件"VMware-workstation.exe"的示意。

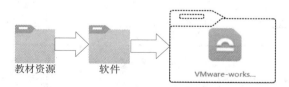

图 4-6　获取安装文件"VMware-workstation.exe"的示意

VMware Workstation 的安装方式请参看项目 2。

4.3.2　构建云平台

构建云平台

OpenStack 的快照中包含两台虚拟机——"控制节点""计算节点"，每台虚拟机均有两块网卡，这 4 块网卡均已绑定了 IP 地址，表 4-3 所示为虚拟机网卡信息。为了使虚拟机之间以及虚拟机和宿主机之间进行正常通信，需要设置 VMware Workstation 的虚拟网络来适配这两台虚拟机。

表 4-3　虚拟机网卡信息

网卡序号	虚拟机	IP 地址/子网掩码	对应网络模式
1	控制节点	192.168.10.10/24	仅主机模式
2		192.168.20.10/24	NAT 模式
3	计算节点	192.168.10.20/24	仅主机模式
4		192.168.20.20/24	NAT 模式

1. 编辑 VMware 虚拟网络

第 1 步，弹出【虚拟网络编辑器】对话框。打开 VMware Workstation，选择其主界面顶部菜单栏中的【编辑】→【虚拟网络编辑器】选项，弹出【虚拟网络编辑器】对话框，如图 4-7 所示。

图 4-7　【虚拟网络编辑器】对话框

单击【更改设置】按钮，确认管理员权限后，使各网络模式处于可编辑状态。

第 2 步，配置仅主机模式的虚拟网络。在【虚拟网络编辑器】对话框中选择【VMnet1】选项（类型为仅主机模式），在【子网 IP】文本框中输入"192.168.10.0"，在【子网掩码】文本框中输入"255.255.255.0"，如图 4-8 所示。单击【确定】按钮，完成仅主机模式的虚拟网络的配置。

图 4-8 【虚拟网络编辑器】对话框：配置仅主机模式的虚拟网络

第 3 步，配置 NAT 模式的虚拟网络。接下来配置 NAT 模式的虚拟网络，使虚拟机能够通过 NAT 设备和宿主机的物理网络连接达到与外网通信的目的。在【虚拟网络编辑器】对话框中，选择【VMnet8】选项（类型为 NAT 模式），如图 4-9 所示。

图 4-9 【虚拟网络编辑器】对话框：配置 NAT 模式的虚拟网络

在【子网 IP】文本框中输入"192.168.20.0"，在【子网掩码】文本框中输入"255.255.255.0"，并取消勾选【使用本地 DHCP 服务将 IP 地址分配给虚拟机】复选框，如图 4-9 所示。单击【确定】按钮，完成 NAT 模式的虚拟网络的配置。

> **注意** 为了适配虚拟机 IP 地址，这里配置的两种网络模式的【子网 IP】和【子网掩码】均应与本书配置的一致，不能随意更改。

2. 通过快照构建云平台

第 1 步，加载镜像文件。打开 VMware Workstation，选择其主界面顶部菜单栏中的【文件】→【打开】选项，选择下载好的 OpenStack 快照文件。如图 4-10 所示，分别选择"控制节点""计算节点"两个目录中与目录同名且类型为镜像的文件后，单击【打开】按钮，完成这两个节点快照的加载。

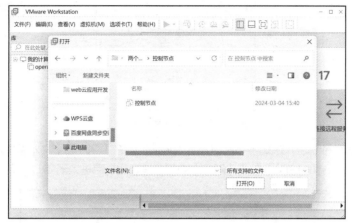

图 4-10　选择 OpenStack 快照文件

图 4-11 所示为快照加载成功后的界面，可以看到 VMware Workstation 中出现了"控制节点""计算节点"这两台虚拟机。

图 4-11　快照加载成功后的界面

第 2 步，开启虚拟机。在 VMware Workstation 主界面中分别选择"控制节点""计算节点"两台虚拟机，单击【开启此虚拟机】按钮，将这两台虚拟机逐一开启。虚拟机开启完成后就可以进行下一个任务——登录云平台了。

4.3.3　登录云平台

云平台构建完成后可以通过 OpenStack 提供的 Dashboard 管理工具来管理和使用。Dashboard 是一个网络应用，已经集成在虚拟机中，仅需要以浏览器打开网址即可使用。

登录云平台

第 1 步，登录系统。在本地计算机浏览器（推荐使用 Chrome 浏览器或者火狐浏览器）的地址栏中输入计算节点的 IP 地址"http://192.168.10.20"并按【Enter】键，进入图 4-12 所示的【登录】界面。

图 4-12 【登录】界面

在【登录】界面的【域】文本框中输入域名"Default"，在【用户名】文本框中输入"admin"，在【密码】文本框中输入"000000"，单击【登入】按钮，登录成功后进入图 4-13 所示的【概况】界面。

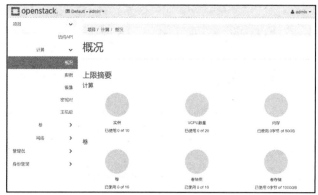

图 4-13 【概况】界面

> **注意** 【域】【用户名】【密码】的值是固化在虚拟机中的，不能更改，否则无法进入系统。

第 2 步，查看镜像。在【概况】界面的左侧选择【计算】→【镜像】选项，进入图 4-14 所示的【Images】界面，系统中存在名为"cirros"的镜像，在接下来的工作中将利用该镜像来创建云主机。

图 4-14 【Images】界面

4.3.4 创建云主机

OpenStack 云平台是一个 IaaS 云平台，主要提供的是云主机服务，这里的云主机实际上就是由云端虚拟出来的虚拟机。接下来，让我们一起来体验一下如何使用 OpenStack 来创建云主机吧。

创建云主机

 注意 由于本项目中的配置项是在云平台镜像中固化的，请严格按照本书内容进行操作，不能随意更改。

1. 为云主机创建网络及子网

所有的云主机都是挂载在网络之上的，因此在创建虚拟机前需要创建网络及子网。

第 1 步，创建网络。首先，在图 4-13 所示的【概况】界面中选择【管理员】→【网络】选项，进入图 4-15 所示的【网络】界面。

图 4-15 【网络】界面

其次，单击【创建网络】按钮，弹出图 4-16 所示的【创建网络】对话框。

图 4-16 【创建网络】对话框

最后，在【名称】文本框中填写新建网络的名称（可以任意输入）；在【项目】下拉列表中选择【project】选项；在【供应商网络类型】下拉列表中选择【Flat】选项；在【物理网络】文本框中输入"provider"；勾选【共享的】和【外部网络】复选框。图 4-17 所示为【创建网络】对话框填写结果。

图 4-17 【创建网络】对话框填写结果

第 2 步，创建子网。首先，在图 4-17 所示的【创建网络】对话框中单击【下一步】按钮，进入图 4-18 所示的【子网】界面。

在【子网】界面中的【子网名称】文本框中输入子网的名称（可以任意输入）；在【网络地址】文本框中输入"192.168.20.0/24"；在【网关 IP】文本框中输入"192.168.20.2"（这个 IP 地址是 VMware Workstation 中的 NAT 网关）。

其次，单击【下一步】按钮，进入图 4-19 所示的【子网详情】界面，设置 DHCP 服务和 DNS 服务器。

图 4-18 【子网】界面

最后，如图 4-19 所示，在【子网详情】界面中勾选【激活 DHCP】复选框；在【分配地址池】文本框中输入两个 IP 地址"192.168.20.100，192.168.20.200"，表示 DHCP 服务分配的 IP 地址范围，第一个 IP 地址（192.168.20.100）是起始 IP 地址，第二个 IP 地址（192.168.20.200）是结束 IP 地址，二者之间以逗号隔开；在【DNS 服务器】文本框中可以输入中国电信公众 DNS 服务器的 IP 地址"114.114.114.114"。

图 4-19 【子网详情】界面

最后,单击【创建】按钮,完成网络及子网的创建。

第 3 步,查看虚拟网络列表。图 4-20 所示为现有的虚拟网络列表。在网络及子网创建完成后将自动回到【网络】界面,该界面中将显示图 4-20 所示的现有的虚拟网络列表。通过该网络列表中的信息可以了解目前网络的相关信息。

图 4-20 现有的虚拟网络列表

2. 创建实例类型

用户在云平台上创建的一个实例就是一个云主机,因此,实例类型实际上就是云主机的类型,它描述了该类型云主机的硬件规格,云平台可以按照该规格批量创建云主机。

第 1 步,进入【实例类型】界面。登录 Dashboard 后,在主界面左侧导航栏中选择【管理员】→【计算】→【实例类型】选项,进入图 4-21 所示的【实例类型】界面。

图 4-21 【实例类型】界面

第 2 步,设置实例类型信息。单击【创建实例类型】按钮,弹出【创建实例类型】对话框。在该对话框中可以设置实例类型中的虚拟 CPU(vCPU)数量、内存大小、磁盘大小等信息。

可以按图 4-22 设定实例类型的 vCPU、内存、磁盘等信息，也可以根据自己的硬件配置来进行设定。当然，由于本书提供的计算节点虚拟机的内存只有 4GB，因此这里设置的实例类型的内存大小不要超过 1024MB，否则可能会由于所剩内存太少，而导致 OpenStack 云计算平台无法正常运行。

图 4-22 【创建实例类型】对话框

第 3 步，完成实例类型的创建。单击图 4-22 所示对话框中的【创建实例类型】按钮，完成实例类型的创建。在实例类型创建成功后将自动回到【实例类型】界面，在其中可以看到新建的实例类型列表，如图 4-23 所示。

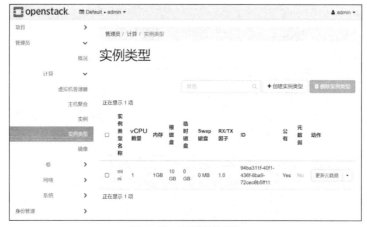

图 4-23 实例类型列表

在实际工作中，可以由系统管理员预先创建多种实例类型来满足用户生成不同云主机的需要。

3. 创建云主机

第 1 步，进入【实例】界面。登录 Dashboard 后，在主界面左侧导航栏中选择【项目】→【计算】→【实例】选项，进入图 4-24 所示的【实例】界面。

图 4-24 【实例】界面

第 2 步，填写实例详情。单击【创建实例】按钮，弹出【创建实例】对话框，选择图 4-25 所示的【详情】选项卡。

图 4-25 【详情】选项卡

图 4-25 中的【实例名称】文本框可以根据需要任意填写；【描述】文本框可以选填，这里保持为空；【可用域】保持为"nova"；【数量】用于设置一次性产生多少台云主机，由于计算节点的内存限制，这里保持为"1"，即只产生一台云主机。

第 3 步，设置镜像源和卷。单击【创建实例】对话框下方的【下一步】按钮，选择图 4-26 所示的【源】选项卡，进行镜像源和卷设置。

图 4-26 【源】选项卡

在【选择源】下拉列表中保持选择【Image】选项；如果将【创建新卷】选择为【是】，则会被要求定义卷信息，卷可以理解为给云主机加一块硬盘，在【卷大小（GB）】文本框中设置一个合适的卷大小（由于本云平台硬件资源限制，这里设置的卷大小不能超过 10GB），并在【删除实例时删除卷】处选择【是】选项；在【可用配额】选项组中能看到可选镜像，单击【↑】按钮可将用到的镜像由【可用配额】列表移动到【已分配】列表中。

第 4 步，选择实例类型。单击【创建实例】对话框下方的【下一步】按钮，选择图 4-27 所示的【实例类型】选项卡，进行实例类型选择。

图 4-27 【实例类型】选项卡

在【可用配额】列表中可以看到所有已创建好的实例类型，可以选择所需的一个实例类型将它由【可用配额】列表移动到【已分配】列表中以启用它。

第 5 步，选择网络。单击【创建实例】对话框下方的【下一步】按钮，选择图 4-28 所示的【网络】选项卡，进行网络选择。

图 4-28 【网络】选项卡

在【可用配额】列表中能够看到可以使用的所有网络，选择其中一个网络将它由【可用配额】列表移动到【已分配】列表中，本例由于只有一个网络，系统将自动分配和启用该网络。

第 6 步，创建云主机（在 OpenStack 中，云主机也被称为实例）。单击【创建实例】按钮，开始创建实例，进入图 4-29 所示的实例孵化界面。

图 4-29　实例孵化界面

经过短暂的孵化过程后，实例创建成功，如图 4-30 所示。

图 4-30　实例创建成功

4.3.5　使用云主机

有了云主机以后如何使用它们呢？这里介绍一种 OpenStack 自带的云主机控制台工具的使用方法。

使用云主机

云主机控制台是 OpenStack 提供的一种连接到云主机的工具，下面演示如何进入云主机控制台并登录云主机。

第 1 步，登录 Dashboard 后，进入【实例】界面。登录 Dashboard 后，在主界面左侧导航栏中选择【项目】→【计算】→【实例】选项，进入图 4-31 所示的【实例】界面，这里的实例就是云主机。

图 4-31　【实例】界面

第 2 步，选择要登录的实例，进入实例概况界面。单击要管理的云主机的实例名称，进入图 4-32 所示的实例概况界面。

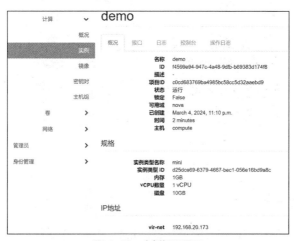

图 4-32　实例概况界面

89

第 3 步，进入云主机控制台。首先，在实例概况界面中选择【控制台】选项卡，进入图 4-33 所示的【实例控制台】界面。

图 4-33 【实例控制台】界面

其次，单击【点击此处只显示控制台】链接，使控制台在浏览器中全屏显示，如图 4-34 所示。

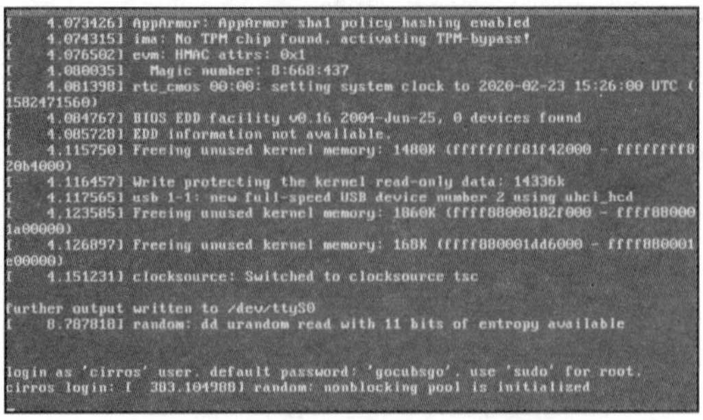

图 4-34 控制台在浏览器中全屏显示

第 4 步，登录云主机。云主机启动完成后，使用 Cirros 系统的用户"cirros"及其密码"gocubsgo"登录系统。登录云主机成功后进入图 4-35 所示的【实例控制台】界面。

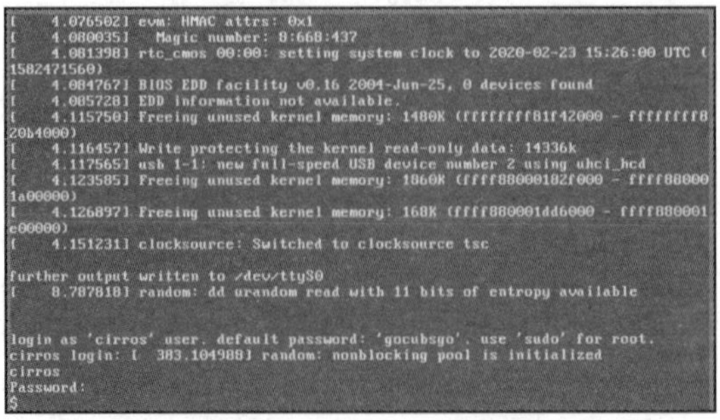

图 4-35 登录云主机成功后的【实例控制台】界面

当云主机控制台出现"$"时，表示登录成功，用户就可以使用云主机了。

4.3.6 管理云主机

登录 Dashboard 后，在主界面左侧导航栏中选择【项目】→【计算】→【实例】

管理云主机

选项，进入【实例】界面。在【实例】界面的【动作】下拉列表中选择相应的动作，如图 4-36 所示。

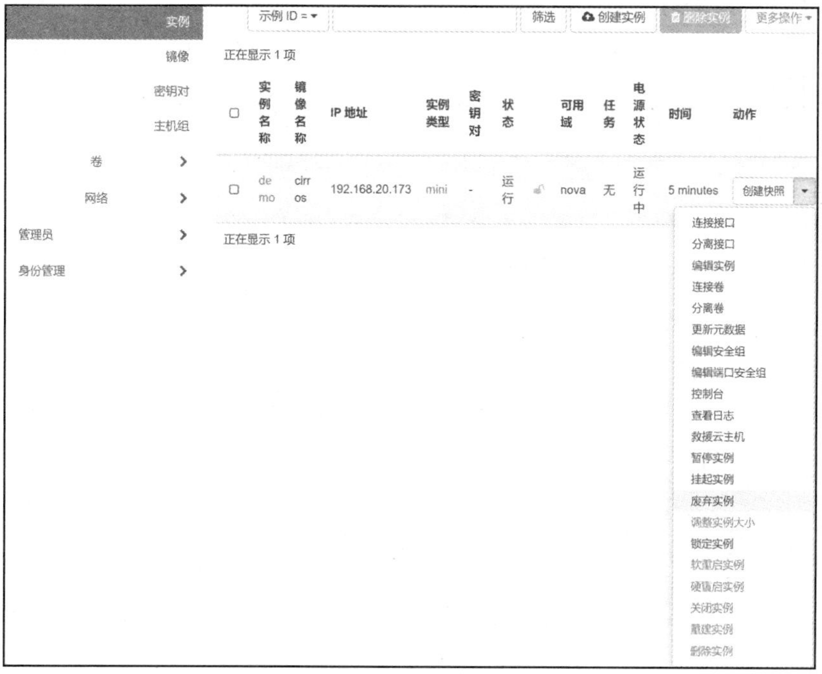

图 4-36　选择相应的动作

下面通过【动作】下拉列表中的选项来体验几个云主机的常见操作。

1. 重启云主机

云主机的重启包括软重启和硬重启两种，它们的区别在于软重启不用先关闭电源再重启，而硬重启是模拟关闭电源后再重启。在云主机开机的情况下，可以在【动作】下拉列表中选择【软重启实例】或【硬重启实例】选项。选择【硬重启实例】选项后将弹出图 4-37 所示的【确认 硬重启实例】对话框；选择【软重启实例】选项后将弹出图 4-38 所示的【确认 软重启实例】对话框。

图 4-37　【确认 硬重启实例】对话框

图 4-38　【确认 软重启实例】对话框

单击【硬重启实例】或【软重启实例】按钮，确认操作以后开始重启云主机，此时将在云主机列表中看到图 4-39 所示的信息，如该云主机的【状态】为"重启"，【任务】为"已开始重启"。当【任务】显示为"无"、【状态】变更为"运行"时，表示云主机重启完成。

图 4-39　开始重启云主机

2. 暂停云主机

在【动作】下拉列表中选择【暂停实例】选项后，云主机的【状态】为"暂停"，如图 4-40 所示。

图 4-40　云主机的【状态】为"暂停"

在【动作】下拉列表中选择【挂起实例】选项后，云主机的【状态】为"挂起"，如图 4-41 所示。

图 4-41　云主机的【状态】为"挂起"

当云主机处于"暂停"或者"挂起"状态时，可以选择【动作】下拉列表中的【恢复实例】选项，如图 4-42 所示。

图 4-42　选择【恢复实例】选项

3. 关闭云主机

当云主机处于"关闭"状态时，可以选择【动作】下拉列表中的【关闭实例】选项，弹出图 4-43 所示的【确认 关闭实例】对话框。

图 4-43　【确认 关闭实例】对话框

单击【关闭实例】按钮后，稍等片刻，当云主机的【任务】显示为"无"、【状态】变更为"关机"时，表示云主机关机操作完成，如图 4-44 所示。

图 4-44　云主机关机操作完成

4. 删除云主机

第 1 步，选择要删除的云主机。在主界面左侧导航栏中选择【项目】→【计算】→【实例】选项，进入【实例】界面，勾选要删除的云主机【实例名称】左侧对应的复选框，如图 4-45 所示。

图 4-45　勾选要删除的云主机【实例名称】左侧对应的复选框

第 2 步，删除云主机。单击【实例】界面中的【删除实例】按钮，弹出图 4-46 所示的【确认 删除实例】对话框。

图 4-46　【确认 删除实例】对话框

在【确认 删除实例】对话框中单击【删除实例】按钮，完成删除实例操作。

4.4　项目小结

　　私有云只为特定用户（单位）服务，并由该用户自行运维。因为用户自行管理云平台，可以避免数据在公有云上由他人管理而可能出现的泄露风险，所以很多拥有敏感业务数据同时对内部数据共享存在较高要求的政府或企事业单位均构建了自己的私有云。

项目小结

　　本项目介绍了用于搭建私有云的两种重要软件产品：VMware vSphere 和 OpenStack。其中，VMware vSphere 是闭源且收费的产品，它虚拟化程度高，安装和运维都比较简单，在私有云市场占有较大份额；而 OpenStack 是一种开源且免费的产品，在其基础上许多公司又开发出了自己的云平台产品，因此 OpenStack 与其衍生产品也在私有云市场中占据了不小的份额。OpenStack 拥有旺盛的生命力，几乎每半年就会发行一个新的软件版本，其版本的特殊命名方式使用户可以通过版本名的首字母判断它的新旧顺序。

在项目实施环节，通过加载已经安装好的 OpenStack 云平台镜像，实现了在 VMware Workstation 中快速构建一个双节点私有云平台的目的。另外，在该云平台上带领读者实践了创建云主机、使用云主机、管理云主机的几个常见操作，使读者能够较为深刻地体验到私有云的功能和基本应用，为将来深入学习私有云平台构建与运维课程打下基础。

4.5 项目练习题

1. 选择题

（1）私有云是指（　　）。

    A. 由第三方提供商托管的云服务　　　　B. 为特定组织量身定制的云服务

    C. 通过互联网共享资源的云服务　　　　C. 不需要自己管理硬件资源的云服务

（2）与公有云相比，私有云的主要优势不包括（　　）。

    A. 建设与使用成本更低　　　　　　　　B. 个性化定制更灵活

    C. 数据更安全　　　　　　　　　　　　D. 网络更稳定

（3）私有云通常部署在（　　）。

    A. 组织内部数据中心中　　　　　　　　B. 第三方数据中心中

    C. 互联网上的共享环境中　　　　　　　D. 以上都不是

（4）OpenStack 是一个（　　）的云计算软件平台。

    A. 开源且免费　　　B. 开源且收费　　　C. 闭源且免费　　　D. 闭源且收费

（5）OpenStack 云平台对外提供（　　）服务，因此是一个（　　）云平台。

    A. 存储，DaaS　　　B. 云主机，IaaS　　　C. 网络，SaaS　　　D. 软件，PaaS

（6）OpenStack 的版本是按照单词首字母的排列顺序进行命名的，以下版本中（　　）最新。

    A. Xena　　　　　　B. Train　　　　　　C. Rocky　　　　　D. Stein

2. 填空题

（1）VMware Workstation 提供的网络模式有_____、_____和_____。

（2）创建实例类型时的内存默认单位为_____。

（3）如果云主机出现故障无法启动，则可以利用快照进行_____。

3. 判断题

（1）私有云只能为单个组织提供服务。（　　）

（2）私有云比公有云昂贵。（　　）

（3）私有云可以提高组织的数据安全性。（　　）

（4）私有云不具有可扩展性。（　　）

4. 实训题

创建一台名为"myserver"的云主机，并实现开关机操作。

项目 5

体验容器云

05

学习目标

【知识目标】

（1）了解容器云的定义。

（2）了解容器技术的概念及优势。

（3）了解主流的开源容器技术。

（4）了解Kubernetes容器云平台。

【技能目标】

（1）能够上传容器镜像。

（2）能够部署容器应用。

（3）能够访问容器应用。

【素质目标】

（1）培养独立工作的责任感与担当精神。

（2）培养对新技术勇于尝试的精神。

（3）培养对复杂工程问题的分析能力。

引例描述

　　小王通过尝试使用公有云、私有云了解到公有云和私有云都是提供云计算资源的方式，这两种方式都需要一台完整的云主机，并且这台云主机和传统服务器一样需要安装一个完整的操作系统。那么，一个大型云平台上会有成

学习目标

引例描述

千上万台云主机，每一台云主机都有自己的操作系统，这需要占用多少系统资源啊！此外，开启一个小小的服务却要先启动大大的操作系统，这多么浪费啊！

　　当看到"共享单车""共享充电宝"等"共享经济时代"带来的共享产品的时候，小王有了一个想法："既然可以用虚拟机来共享硬件，那么操作系统能不能共用呢？如果每个用户的应用不再依赖于独立的操作系统，而是共用物理机提供的操作系统，那么部署和管理应用不是能够既高效又节约资源吗？"

5.1 项目陈述

　　小王设想的这种"共用操作系统"（即操作系统虚拟化）的想法可以用容器云实现。容器云是云计算服务的一种，它利用容器技术将应用程序及其依赖项打包成一个独立的运行环境，共享主机操作系统内核，将资源更加集中地向应用服务倾斜。

项目陈述

本项目将利用华为云的云容器引擎（Cloud Container Engine，CCE）来部署一个现有的 Web 应用，使读者体验容器云的基本功能和在容器云上部署应用的过程。

5.2 必备知识

本节将学习"容器云"的定义、了解容器技术的优势和常见的容器技术，并介绍一种目前流行的容器云构建工具：Kubernetes 容器云平台。

5.2.1 容器技术简介

容器云（Container Cloud，CC）是近几年云行业发展中不可缺少的一环，它是一种基于容器技术的云计算服务。

容器技术简介

1. 容器技术

容器（Container）是一种封装，应用程序及其运行所需要的所有资源都放置在这个封装中。每个容器都可以独立运行，互不干扰。因为没有在运行独立的操作系统任务上浪费资源，所以使用容器可以更快速、更有效地部署应用程序。容器技术可以实现和管理容器，它具有将"操作系统虚拟化"的能力，可以实现应用程序的快速部署和扩展。

容器技术相较于传统虚拟化技术，减少了对客户端操作系统的依赖，这让其资源使用率更高、启动速度更快。传统虚拟化技术与容器技术的架构对比如图 5-1 所示。

传统虚拟化技术架构　　　　　　　　　容器技术架构

图 5-1　传统虚拟化技术与容器技术的架构对比

从图 5-1 中可以看出，在容器技术架构中每一个应用不再依赖于各自虚拟机的操作系统，而是通过容器引擎共享宿主机的操作系统，即实现了"操作系统虚拟化"。

容器技术与传统虚拟化技术相比具有很多优势，这些优势使其在云计算市场上越来越受重视。

（1）启动速度快

容器技术的启动速度很快，对比传统虚拟机的分钟级启动速度，容器的启动速度是秒级的，因为其对系统资源的损耗远小于传统虚拟机。

（2）资源使用率高

容器技术可以更细化 CPU、内存、硬盘等硬件资源的分配，使资源的使用更加高效、合理。用户可以为每个容器设置资源限制，如 CPU 核数、内存大小等，以确保容器在资源使用上不会超出预定的限制。这种精细控制能力使得多个容器可以在同一台物理服务器上高效、安全地运行。

（3）运行环境一致性高

由于容器是独立的个体，因此不管它部署到哪里，对于容器中的应用来说其运行环境都是不变的，从而减少了因开发、测试、生产环境配置不同而可能导致的错误。

（4）易于构建和部署应用程序

容器技术使得构建和部署应用程序变得更容易。容器技术提供了统一的接口和工具来管理和维护容器，用户可以方便地部署、更新、扩展和监控容器。

（5）可移植性强

容器技术使得应用程序可以在不同的平台上运行，不会受到操作系统类型和版本的影响。

容器技术的核心是通过对资源的限制和隔离使进程运行在一个"沙盒"（Sandbox，又译为沙箱，是一种安全机制，为运行中的程序提供隔离环境）中。这个沙盒可以被打包成容器镜像（Image），将其移植到另一台机器上时可以直接运行，不需要任何多余的配置。

2. 主流的开源容器技术

容器技术的起源可以追溯到 2006 年，当时谷歌公司为了应对广告系统的快速增长，推出了名为"Borg"的容器管理系统。该系统是容器云技术的雏形，谷歌公司使用它实现了内部服务的自动化管理，且大大提高了资源使用率和系统的稳定性。随着容器技术的不断发展，Docker 应用容器引擎在 2013 年的时候崭露头角，开始逐渐被人们所知。Docker 是一个开源的"容器运行时"[Container Runtime，容器全生命周期（从创建到删除）所需运行环境的提供者和管理工具]，可以让用户在不同平台上构建、运行和管理应用程序容器。Docker 的推出使容器技术变得更加易于使用和流行，从此容器技术逐渐发展成为一种独立的技术领域。目前主流的开源容器引擎或技术有 LXC、containerd、Docker 等。

（1）LXC

Linux 容器（Linux Containers，LXC）技术是由 Canonical 公司在 2013 年推出的一个开源项目，它是一种基于 Linux 内核的容器虚拟化技术。由于 LXC 集成在 Linux 中，是 Linux 内核的一部分，因此可以在任何支持 Linux 的平台上使用 LXC，这使得 LXC 成为云计算、容器化、持续集成和测试等领域的热门技术。

（2）containerd

containerd 是一个开源的满足工业级标准的容器运行时，强调简单性、健壮性和可移植性。它最初被 Docker 公司作为 Docker 项目的底层开发，开发者的设计初衷是希望其被嵌入一个更大的系统中，而不是直接由开发人员或终端用户使用。containerd 目前已经成为 Linux 基金会（一个以推动 Linux 生态系统发展为己任的非营利性组织）所提出的开放容器接口标准（Open Container Initiative，OCI）的一部分。containerd 本身没有集成在 Linux 中，但它可以与 Linux 内核紧密合作，实现容器的创建、执行和管理等功能。

（3）Docker

Docker 是目前市场上最流行的开源应用容器引擎之一，可以帮助开发人员和系统管理员构建、运行和管理应用程序。Docker 由 dotCloud 公司（Docker 公司的前身）开发，可以实现跨平台运行，即通过 Docker 技术创建的容器可以在不同的操作系统（Linux、macOS 和 Windows 等）和基础设施上运行。

Docker 服务基于 containerd 容器技术，由 3 部分构成，这 3 部分分别是 Docker Client（客户端）、Docker Host（主机）和 Docker Registry（资源库）。Docker 服务架构如图 5-2 所示。

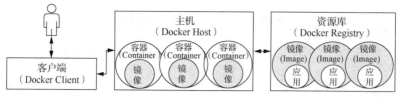

图 5-2　Docker 服务架构

其中，Docker Client 是 Docker 服务程序与用户的交互界面，它负责接收 Docker 操作指令并返回操作结果；Docker Host 是 Docker 服务的后台管理程序，它负责按用户指令操作 Docker 容器，并实现与资源库的通信，Docker Host 中的容器由镜像生成，而镜像又打包了应用和运行环境，所以每个容器都可以独立运行；Docker Registry 是 Docker 资源库，它负责根据 Docker Host 的请求来存储和分享 Docker 镜像。

5.2.2　初识 Kubernetes 容器云平台

随着容器技术的普及，容器在云上的数量越来越多，如何更高效地管理这些容器成为一大需求。容器编排工具就提供了一种自动化管理容器应用的方式，使得企业能够轻松地部署和管理复杂的应用程序。Kubernetes 就是一种开源的容器编排工具，具有强大的社区支持和生态系统，也是目前最受欢迎的容器云平台之一。

初识 Kubernetes
容器云平台

1. Kubernetes 概述

Kubernetes（通常称为 K8s，K8s 将 Kubernetes 中的 8 个字母"ubernete"替换为"8"）是一个以容器为中心的基础架构，可以在物理机集群或虚拟机集群上调度和运行容器，提供容器自动部署、扩展和管理的开源平台。Kubernetes 使用 Docker、containerd 等容器引擎技术来管理其下容器的生命周期。

2. Kubernetes 与容器

Kubernetes 集群主要由主控节点（Master）和工作节点（Node）构成，每个工作节点包含若干容器组（Pod），每个 Pod 中又封装了一个或多个容器。Kubernetes 与容器的关系如图 5-3 所示。

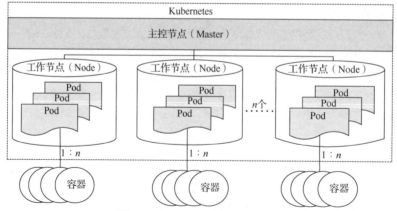

图 5-3　Kubernetes 与容器的关系

Node 是 Kubernetes 集群中承载业务工作的节点，所有 Node 由 Master 进行统一管理。Pod 是 Kubernetes 中最小、最简单的基本工作单元，它通过调用第三方的 containerd 或 Docker 来实现对容器的管理。

5.3 项目实施

本项目将利用华为云的 CCE（兼容 Kubernetes 和 Docker）来实践如何部署一个 Docker 容器。该容器的镜像可以在本书的教材资源中下载。

5.3.1 项目准备

在项目实施之前，请按照表 5-1 进行准备。

项目准备

表 5-1 项目准备

类别	名称	要求	来源
网络	互联网	连通互联网	自备
硬件	PC	Windows 10 及以上版本	自备
软件	Chrome 浏览器	–	自备并安装
	容器镜像	–	从本书提供的教材资源中下载
	百度网盘 PC 端	–	自备并安装

获取容器镜像文件：通过本书提供的网址，找到百度网盘中的"教材资源"。图 5-4 所示为从"教材资源"文件夹中获取容器镜像文件的示意。

教材资源 　　镜像 　　项目5 　　container.tar

图 5-4 从"教材资源"文件夹中获取容器镜像文件的示意

请将"container.tar"文件下载到本地备用。

上传容器镜像

5.3.2 上传容器镜像

在部署容器应用之前，需要将本书自行开发的容器镜像文件上传到华为云。华为云管理容器镜像的服务是软件仓库（Software Repository，SWR）。

1. 登录华为云并进入【容器镜像服务】界面

第 1 步，登录华为云。使用项目 3 注册的华为账号登录华为云。

第 2 步，进入控制台。单击图 5-5 所示华为云主页右上角的【控制台】链接进入华为云控制台。

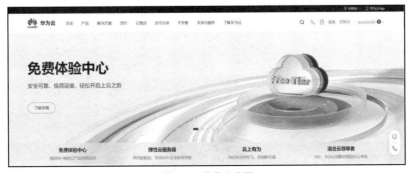

图 5-5 华为云主页

第 3 步，修改或确认区域。

如图 5-6 所示，选择默认的【北京四】区域。

图 5-6　选择默认的【北京四】区域

第 4 步，进入【容器镜像服务】界面。

首先单击控制台界面左上角的图标，展开显示服务列表，然后选择【容器】选项，最后在右侧选择区域选择【容器镜像服务 SWR】选项，如图 5-7 所示，进入【容器镜像服务】界面。

图 5-7　【华为云控制台 – 容器】界面：容器镜像服务

2. 创建组织

因为在华为云中每一个镜像都属于一个独立的组织，所以在上传容器镜像前需要创建一个组织来收容镜像。

在图 5-8 所示界面中，单击右上角的【创建组织】按钮，弹出【创建组织】对话框。

图 5-8　【容器镜像服务 – 总览】界面

如图 5-9 所示，在【创建组织】对话框的【组织名称】文本框中输入自定义的组织名，如本例为"cloud-compute"，单击【确定】按钮，开始创建组织。

图 5-9　【创建组织】对话框

组织创建完成后，会弹出图 5-10 所示的【创建组织成功】提示框。单击【关闭】按钮，关闭该提示框，结束组织创建。

图 5-10 【创建组织成功】提示框

3. 选择镜像文件

第 1 步，进入镜像上传界面。选择【容器镜像服务】界面左侧导航栏中的【我的镜像】选项，打开【我的镜像】界面中的【自有镜像】列表，如图 5-11 所示，此时【自有镜像】列表显示为空。单击该界面右上角的【页面上传】按钮，进入镜像上传界面。

图 5-11 【容器镜像服务－我的镜像】界面：【自有镜像】列表

第 2 步，选择镜像上传的组织。如图 5-12 所示，在【组织】下拉列表中选择已经创建好的组织，如本例的"cloud-compute"组织。

图 5-12 【页面上传】：选择已经创建好的组织

第 3 步，选择上传的镜像文件。将界面下移，单击【选择镜像文件】按钮，在弹出的文件管理器中选择本书提供的容器镜像文件"container.tar"（该镜像文件大小仅为 182MB，却包含业务应用及相关运行环境，将它部署到容器中可以直接运行），单击【打开】按钮，打开该镜像文件，如图 5-13 所示。

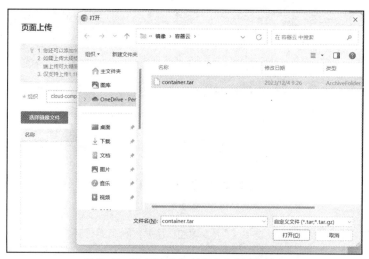

图 5-13 【页面上传】：选择上传的镜像文件

第 4 步，上传镜像文件。选择完镜像文件后，系统不会自动上传镜像文件，用户需要单击【开始上传】按钮才能进行上传，如图 5-14 所示。

图 5-14 【页面上传】：上传镜像文件

第 5 步，确认上传结果。镜像文件上传成功的界面如图 5-15 所示。镜像文件上传成功后，单击右上角的【×】图标，关闭该界面。

图 5-15 【页面上传】：镜像文件上传成功的界面

第 6 步，查看镜像列表。镜像文件上传成功后，镜像信息将在【我的镜像】界面的【自有镜像】列表中显示，信息内容包括镜像名称、所属组织、类型、版本数、更新时间及操作等，如图 5-16 所示。

图 5-16 【容器镜像服务】:【自有镜像】列表

第 7 步,查看容器镜像详情。单击【自有镜像】列表中的镜像名称"nginx"即可查看该镜像的详情。如图 5-17 所示,"已用空间"即容器镜像在系统中的大小。

图 5-17 【我的镜像】:查看容器镜像详情

5.3.3 部署容器应用

华为云的 CCE 提供了 Kubernetes 服务,用于创建 Kubernetes 集群并部署容器应用。本项目将利用已有的镜像来部署一个容器应用。

部署容器应用

1. 创建 VPC

按照项目 3 中的"创建 VPC 与子网"的方法,在【北京四】区域中创建一个 VPC,如本例的"vpc-cce-nginx"。

2. 创建 CCE 集群

第 1 步,进入 CCE 集群管理页。如图 5-18 所示,在华为云控制台的【区域】下拉列表中选择【北京四】选项,选择左侧服务列表中的【容器】→【云容器引擎 CCE】选项,进入图 5-19 所示的选择 CCE 集群类型界面。

图 5-18 【华为云控制台-容器】界面:容器产品列表

第 2 步,选择 CCE 集群类型。如图 5-19 所示,选择 CCE 集群类型为【CCE Turbo 集群】,单击其中的【创建】按钮,进入图 5-20 所示的【购买 CCE Turbo 集群】界面。

图 5-19　选择 CCE 集群类型

第 3 步，基础配置。在【购买 CCE Turbo 集群】界面的【基础配置】界面中，选择【计费模式】为【按需计费】，并输入集群名称，如本例为 "nginx"；【高可用】选择为【否】（采用高可用后会创建多个备份，费用会高一些，本项目不采用高可用）；其余保持默认配置即可，如图 5-20 所示。

图 5-20　【购买 CCE Turbo 集群】界面：基础配置

第 4 步，网络配置。下移到【网络配置】界面，如图 5-21 所示，在【虚拟私有云】下拉列表中选择已经创建好的 VPC，如本例为 "vpc-cce-nginx (192.168.0.0/16)"；在【控制节点子网】【默认容器子网】下拉列表中均选择前面已经创建的子网，如本例为 "subnet-cce-nginx (192.168.0.0/24)"；其余保持默认配置。配置完成后单击【下一步：插件选择】按钮，进行插件配置。

图 5-21　【购买 CCE Turbo 集群】界面：网络配置

第 5 步,插件配置。在图 5-22 所示界面中保持各项为默认配置,单击【下一步:插件配置】按钮,进入配置页面。

图 5-22 【购买 CCE Turbo 集群】界面:插件配置

在【插件配置】页面中,如果以前没有创建过身份凭证(AccessCode),在【可观测性】选项组中的【云原生监控插件】中会有报错提示,如图 5-23 所示,需要单击提示消息中的【点此创建 AccessCode】链接,以创建身份凭证。

图 5-23 【购买 CCE Turbo 集群】界面:插件配置

创建身份凭证时将弹出图 5-24 所示的【创建 AccessCode】对话框,其中生成方式保持为"自动生成",单击【确定】按钮,完成身份凭证的创建并关闭该对话框,回到【购买 CCE Turbo 集群】界面的【插件配置】界面。

图 5-24 【创建 AccessCode】对话框

单击图 5-23 所示界面中的【下一步:确认配置】按钮,进入【确认配置】界面。

第 6 步，确认配置信息并创建 CCE 集群。在图 5-25 所示界面中确认所配置的信息是否正确。

图 5-25 【购买 CCE Turbo 集群】界面：规格确认

如果在【依赖检查】选择组中出现了图 5-26 所示的依赖检查未通过的状态，则可以单击列表中的
【去开通】链接，并在弹出的图 5-27 所示的【确认授权】对话框中单击【确认授权】按钮，完成授权
工作。

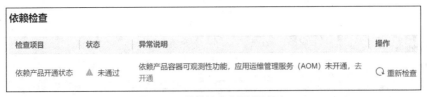

图 5-26 依赖检查未通过的状态

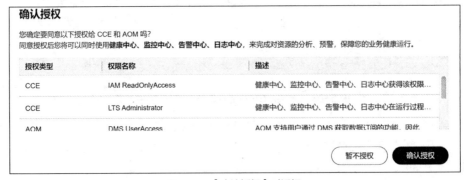

图 5-27 【确认授权】对话框

授权完成回到图 5-25 所示界面后，【依赖检查】选项组中将显示依赖检查通过，如图 5-28 所示。

图 5-28 依赖检查通过

单击图 5-25 所示界面中的【提交】按钮，开始创建 CCE 集群，将进入图 5-29 所示【任务提交成功！】界面。单击【返回集群管理】按钮后，进入图 5-30 所示的【集群管理】界面。在该界面中可以看到刚提交的集群的相关信息，如"可用节点/总数""CPU 使用率""内存使用率"等。

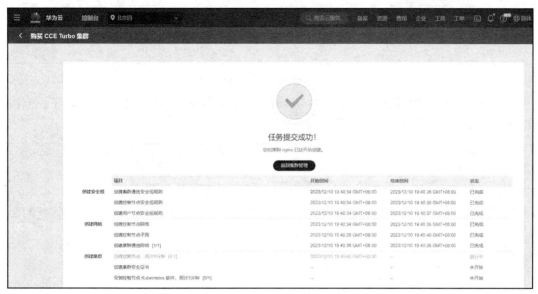

图 5-29 【购买 CCE Turbo 集群】界面：任务提交成功

图 5-30 【集群管理】界面

等待几分钟后，该集群的状态就会由"创建中"变更为"运行中"，如图 5-31 所示，这表示该集群已经创建成功并可以使用了。

图 5-31 集群的"运行中"的状态

3. 创建节点

节点是容器集群组成的基本元素。节点可以是虚拟机，也可以是物理机，本项目采用虚拟机作为节点。

第 1 步，进入 CCE 集群管理界面。等待 CCE 集群创建成功后，【集群管理】界面中的集群列表如图 5-32 所示，单击集群名，如本例为"nginx"，进入 CCE 集群管理界面。

图 5-32　集群列表

第 2 步，进入节点管理界面。如图 5-33 所示，选择左侧导航栏【集群】中的【节点管理】选项，进入节点管理界面，该界面默认显示节点池管理。

图 5-33　节点管理界面：节点池管理

第 3 步，创建节点。如图 5-34 所示，选择节点管理界面中的【节点】选项卡进行节点管理，单击该界面右上角的【创建节点】按钮，进入节点创建界面。

图 5-34　节点管理界面：节点管理

第 4 步，节点计算配置。在节点创建界面中，如图 5-35 所示，选择节点【计费模式】为【按需计费】，【节点规格】按实际需要选择，本例选择的规格为【c7.xlarge.2】，即规格为"4vCPUs|8GiB"的"通用计算增强型"计算机。

图 5-35 节点创建界面：计算配置

第 5 步，设置节点名称。下移节点创建界面，设置创建的节点名称，本例为"nginx-node01"，如图 5-36 所示。

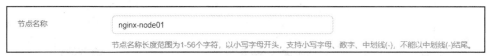

图 5-36 节点创建界面：设置节点名称

第 6 步，配置节点认证信息。下移节点创建界面，选择【登录方式】为【密码】，并在【密码】选项组的第一个文本框中自定义超级管理员"root"用户的密码，在第二个文本框中重新输入密码进行确认，如图 5-37 所示。

图 5-37 节点创建界面：配置节点认证信息

第 7 步，节点存储配置。下移节点创建界面，在【存储配置】中的【系统盘】【数据盘】下拉列表中均选择"高 IO"选项，其他项目保持默认配置，如图 5-38 所示。

图 5-38 节点创建界面：存储配置

第 8 步，网络配置。下移节点创建界面，在【网络配置】中保持默认配置，即使用前面创建好的虚拟私有云和子网，自动分配节点 IP 地址和暂不使用弹性公网 IP 地址，如图 5-39 所示。

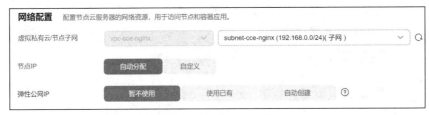

图 5-39　节点创建界面：网络配置

【节点数量】设置为【1】，即本次只创建 1 个节点。确认了配置费用后，单击【下一步：规格确认】按钮，进入节点配置确认界面。

第 9 步，创建节点。如图 5-40 所示，认真阅读节点配置信息后，勾选【我已阅读并知晓上述使用说明和《云容器引擎服务声明》】复选框，单击【提交】按钮，开始创建 CCE 集群节点，将显示图 5-41 所示的【任务提交成功！】提示。

图 5-40　节点创建界面：节点配置确认

图 5-41　节点创建界面：任务提交成功！

第 10 步，查看节点列表。单击图 5-41 所示界面中的【返回节点列表页面】按钮，回到节点列表。如图 5-42 所示，节点正常运行。

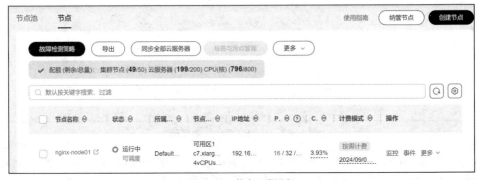

图 5-42　节点正常运行

4. 创建工作负载

第 1 步，进入工作负载管理界面并开始创建工作负载。回到节点管理界面后，如图 5-43 所示，选择左侧导航栏【Kubernetes 资源】中的【工作负载】选项，进入工作负载管理界面，默认进入【无状态负载】选项卡。

图 5-43 【节点管理–Kubernetes 资源–工作负载】：【无状态负载】选项卡

在【无状态负载】选项卡中，单击右上角的【创建工作负载】按钮，开始创建工作负载。

第 2 步，配置工作负载的基本信息。如图 5-44 所示，对工作负载的基本信息进行配置。【负载类型】选择【无状态负载】选项；在【负载名称】文本框中输入自定义的负载名称，如本例为"nginx-deploy"；【命名空间】保持为默认的【default】；实例数量设置为【1】；【容器运行时】保持选中【普通运行时】单选按钮。

图 5-44 【创建工作负载】界面：配置工作负载的基本信息

第 3 步，选择镜像。下移到图 5-45 所示的【容器配置】界面中的【基本信息】栏目，单击【选择镜像】按钮，选择镜像。

容器配置				
容器信息	容器 - 1			+ 添加容器
	基本信息	容器名称 container-1	更新策略 ☐ 总是拉取镜像 ⑦	
	生命周期			
	健康检查	镜像名称 第三方镜像可直接输入镜像地址	镜像版本 --请选择-- ∨	
	环境变量	选择镜像		

图 5-45 【创建工作负载】界面：容器配置

在弹出的图 5-46 所示的对话框中选择已经上传的"nginx"镜像。

111

图 5-46 【镜像选择】对话框

单击【确定】按钮确认选择并返回【容器配置】界面，如图 5-47 所示，在此界面中可以看到已经选定的镜像版本信息。

图 5-47 【容器配置】界面

第 4 步，提交工作负载创建任务。其余保持默认配置，在图 5-48 所示界面的右下方单击【创建工作负载】按钮，完成工作负载的创建。

图 5-48 【容器配置】界面：完成工作负载的创建

此时，将进入图 5-49 所示的【创建工作负载 nginx-deploy 任务提交成功】界面。单击【查看工作负载列表】按钮，可以回到工作负载列表。

图 5-49 【创建工作负载 nginx-deploy 任务提交成功】界面

第 5 步，查看创建的工作负载的信息。在图 5-50 所示的工作负载列表中可以查看刚创建的工作负载的状态、实例个数和命名空间等重要信息。

图 5-50 【节点管理–Kubernetes 资源 – 工作负载】：工作负载列表

采用容器方式来运行应用非常快捷，回到列表后即可在工作负载列表中查看刚创建的工作负载，如本例的"nginx-deploy"，它已经处于"运行中"状态。

5.3.4 访问容器应用

目前已经将容器部署到华为云的 CCE 中了，现在需要开启外部访问，使用户能够通过 IP 地址访问容器应用。

访问容器应用

1. 开启外部访问

在 Kubernetes 中工作负载管理的 Pod 无法被外部直接访问，需要其他服务（Service）来协助访问。因为 Service 可以绑定一个固定 IP 地址，外部访问 Pod 可以先访问 Service 的这个固定 IP 地址，再由 Service 将该访问转发给 Pod，从而实现从外部访问 Pod。

第 1 步，开始配置服务。在节点管理界面的列表中选择要管理的节点，如本例中的"nginx"，进入该节点【总览】界面，选择左侧导航栏【Kubernetes 资源】中的【服务】选项，进入【服务】界面，如图 5-51 所示。目前可以看到服务列表中还没有任何服务。

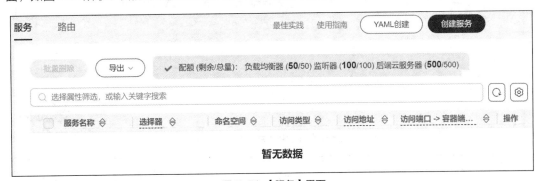

图 5-51 【服务】界面

第 2 步，配置服务基本信息。单击该界面右上角的【创建服务】按钮，进入【创建服务】界面。如图 5-52 所示，自定义【Service 名称】，如本例为"nginx-svc"；服务的【访问类型】一共有 4 种，分别是【集群内访问】【节点访问】【负载均衡】【DNAT 网关】，通常采用【负载均衡】访问类型来实现外网对应用的访问。

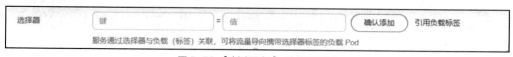

图 5-52 【创建服务】：配置服务基本信息

第 3 步，配置选择器。每个服务都可以支持多个后端 Pod，而某个 Pod 是被哪个服务支持的则需要用标签（如"Key:Value"，即键值对）来确定。用标签来过滤获得 Pod 的组件就是"标签选择器"。

下移到图 5-53 所示的选择器设置界面，单击【引用负载标签】链接，弹出【引用负载标签】对话框。如图 5-54 所示，在该对话框中，设置【负载类型】保持默认的【无状态负载】；在【工作负载】下拉列表中选择前面创建好的工作负载，如本例的"nginx-deploy"；单击【确定】按钮，服务（Service）会自动使用该工作负载的所有标签作为选择器的内容（Pod 拥有的标签中包括其所属工作负载的标签，所以可以通过工作负载的标签来找到它），如图 5-55 所示。

图 5-53 【创建服务】：选择器设置

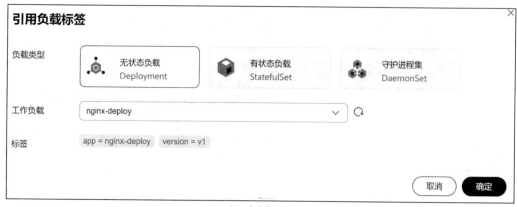

图 5-54 【引用负载标签】对话框

图 5-55 【创建服务】：选择器设置完成

第 4 步，配置负载均衡器。下移到【负载均衡器】界面。如图 5-56 所示，设置【负载均衡器】类型为【独享型】，创建方式为【自动创建】。配置项中的【实例名称】保持【默认随机生成】；开启【公网访问】开关;【可用区】可任意选择,如本例选择【可用区 1】选项;【子网】选择已经创建好的子网,如本例为【subnet-cce-nginx(192.168.0.0/24)】;设置【规格】为小型即可。

图 5-56 【创建服务】:配置负载均衡器

第 5 步,配置服务端口。下移界面,进行服务端口配置,在【协议】下拉列表中选择【TCP】选项;在【容器端口】文本框中输入"80";在【服务端口】文本框中输入"8080",如图 5-57 所示。

图 5-57 【创建服务】:配置服务端口

第 6 步,提交创建服务请求。下移界面到底部,可看到界面中出现【确定】按钮。如图 5-58 所示,勾选【我已阅读《负载均衡使用须知》】复选框,单击【确定】按钮,提交创建服务请求。

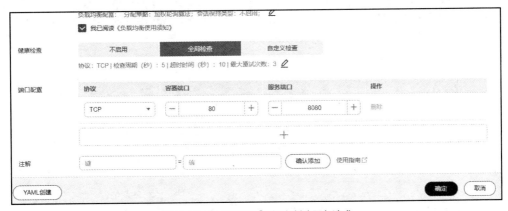

图 5-58 【创建服务】:提交创建服务请求

第 7 步,查看服务创建结果。服务创建申请提交以后,将回到图 5-59 所示的【服务】界面。从该界面的列表中可以看到刚创建的服务对应的"负载均衡公网 IP",如本例为"119.3.191.46",而且可以从【访问端口 –>容器端口/协议】列看到外网访问端口为 8080,此时就可以使用此 IP 地址和端口来访问容器应用了。

图 5-59　【服务】界面

2. 访问容器应用

本容器应用提供了一个 Nginx Web 服务，该服务只有一个页面。打开浏览器并使用服务的公网 IP 地址和端口号来访问该容器应用，如本例为"http://119.3.191.46:8080/"。成功访问到容器应用的结果如图 5-60 所示。

图 5-60　成功访问到容器应用的结果

5.3.5　资源回收

资源回收

本项目使用的 CCE 集群、节点等资源属于收费项目，完成项目部署后请及时删除相应资源以节省成本。

1. 删除服务

第 1 步，选择删除服务操作。在图 5-61 所示服务列表中，打开要删除的服务对应行中的【更多】下拉列表，在下拉列表中选择【删除】选项以删除该服务。

图 5-61　服务列表：删除服务

第 2 步，确认删除服务操作。删除服务操作需要进行确认。在弹出的【删除服务】对话框中单击【是】按钮，确认执行服务的删除操作，如图 5-62 所示。

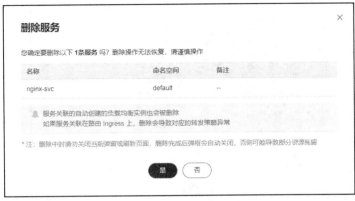

图 5-62 【删除服务】对话框

第 3 步，确认删除服务结果。删除服务成功后，服务列表中就不存在该服务了，如图 5-63 所示。

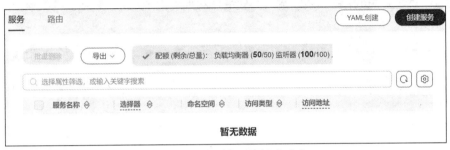

图 5-63 服务列表：删除服务成功

2. 删除工作负载

第 1 步，选择删除工作负载操作。在图 5-64 所示的工作负载列表中，打开要删除的工作负载对应行中的【更多】下拉列表，在下拉列表中选择【删除】选项以删除该工作负载。

图 5-64 工作负载列表：删除工作负载

第 2 步，确认删除工作负载操作。删除工作负载操作需要进行确认。在弹出的【删除无状态负载】对话框中勾选【删除弹性伸缩策略】【删除安全组策略】复选框，单击【是】按钮确认执行工作负载的删除操作，如图 5-65 所示。

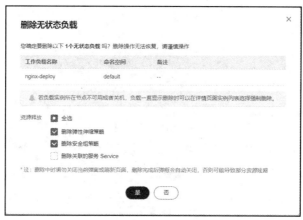

图 5-65 【删除无状态负载】对话框

第 3 步，确认工作负载删除结果。删除工作负载成功后，工作负载列表中就不存在该工作负载了，如图 5-66 所示。

图 5-66 工作负载列表：删除工作负载成功

3. 删除节点

第 1 步，删除节点。在图 5-67 所示的节点列表中，打开要删除的节点对应行中的【更多】下拉列表，在下拉列表中选择【删除】选项以删除该节点。

图 5-67 节点列表：删除节点

第 2 步，确认删除节点操作。删除节点操作需要进行确认。在弹出的【删除节点】对话框的文本框中输入"DELETE"，单击【是】按钮，确认执行节点的删除操作，如图 5-68 所示。

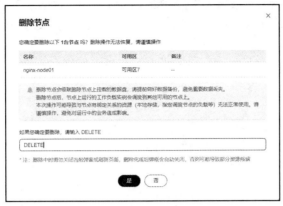

图 5-68 【删除节点】对话框

第 3 步，确认删除节点结果。删除节点成功后，节点列表中就不存在该节点了，如图 5-69 所示。

图 5-69 节点列表：删除节点成功

4. 删除集群

资源回收的最后一个操作是删除集群。

第 1 步，选择删除集群操作。在图 5-70 所示的集群列表中，打开要删除的集群对应行中的【…】下拉列表，在下拉列表中选择【删除集群】选项以删除该集群。

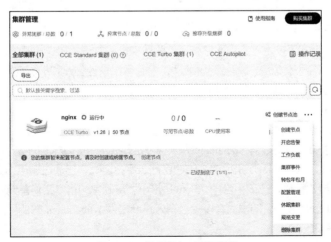

图 5-70 集群列表：删除集群

第 2 步，确认删除集群操作。删除集群操作需要进行确认。在弹出的【删除集群】对话框中，设置【节点（按需计费）】为【删除】，【云存储】为【删除（删除存储卷 PV 绑定的云硬盘等底层存储）】，【网络资源(ELB 等)】为【删除（仅删除自动创建的 ELB 资源）】，【Master 日志的日志流】为【删除（仅删除自动创建的日志流）】。在文本框中输入"DELETE"，单击【是】按钮，确认执行集群的删除操作，如图 5-71 所示。

图 5-71 【删除集群】对话框

本项目所创建的收费资源均已回收，由于 VPC 是不收费的，读者可以根据自己的需要对 VPC 进行删除。

5.4 项目小结

容器云是一种基于容器技术的云计算服务。"操作系统虚拟化"是容器技术的典型特征。容器云通过容器技术将应用程序和其依赖环境打包成一个独立的镜像，可以实现应用程序在不同环境下的快速部署和迁移，并且可以快速创建和扩展容器集群。容器云可以帮助企业和组织更加高效地使用和管理云计算资源，降低 IT 成本，提高业务敏捷性和创新能力。

项目小结

本项目介绍了容器与容器云的基本概念，以及几种主流的开源容器技术，其中，LXC 是基于 Linux 内核的容器技术，containerd 是一种满足开放容器接口标准的容器技术，Docker 是基于 containerd 的容器技术。Kubernetes 是目前主流的容器云平台之一，它通过调用第三方的 containerd 或 Docker 来实现对容器的管理，在该平台中，Pod 是最小、最简单的基本工作单元。Kubernetes 既可用于私有云，又可用于公有云。目前国内有多家公有云厂商提供 Kubernetes 的使用方式，包括但不限于华为云、阿里云和腾讯云等。

在项目实施环节，利用华为云提供的云容器引擎快速部署了本书提供的自定义容器应用，带领读者完成了上传容器镜像、部署容器应用、访问容器应用、资源回收等几项任务，使读者能够较为深入地体验到容器云部署应用的高效性，为将来深入学习容器云技术课程打下基础。

5.5 项目练习题

1. 选择题

（1）以下不是常见的容器技术的是（　　）。

    A. Docker   B. containerd   C. LXC   D. OpenStack

（2）以下不是 Docker 的组成部分的是（　　）。

    A. containerd   B. Docker Registry   C. Docker Client   D. Docker Host

（3）Kubernetes 是一种开源的容器编排工具，其最小、最简单的基本工作单元是（　　）。

    A. 容器   B. Pod   C. Node   D. Docker

2. 填空题

（1）容器技术对比传统虚拟化技术具有_____、_____、_____、_____和易于构建及部署应用程序等优势。

（2）Docker 可以在_____、_____和_____等操作系统中运行。

3. 实训题

使用本书提供的容器镜像"container.tar"部署 Nginx 网站，并使用浏览器访问该网站。

项目 6

体验云存储

06

学习目标

【知识目标】
（1）了解云存储的概念。
（2）了解云存储的发展。
（3）了解云存储的类型。

【技能目标】
（1）能够区分不同类型的云存储。
（2）能够使用典型的云存储服务。
（3）能够管理云存储数据。

【素质目标】
（1）培养在数据存储方面的安全意识。
（2）培养对新技术的探索精神。
（3）培养灵活迁移知识的能力。

引例描述

学习目标

引例描述

随着大数据时代的到来，数据量呈现爆炸式增长，给企业带来了巨大的挑战。传统的本地存储方式受限于存储容量、扩展性和维护成本等因素，无法满足海量数据的存储、快速访问和共享的需求。在这种形势下，国务院印发的《"十四五"数字经济发展规划》中指出，我国将致力于"推动数据存储、智能计算等新兴服务能力全球化发展"。因此如何满足数据存储与数据安全的需求已经成为信息技术行业的重要研究方向。

看着自己计算机的硬盘空间逐渐被数据所占满，小王有了一个想法："因为从理论上讲云的计算资源是无限的，这些资源中当然包含硬盘资源，所以不用担心存储空间不够用的问题，既然云服务器可以'搬'到云端，那么能不能将数据存放到云端呢？"

6.1 项目陈述

项目陈述

将数据存放到云端的技术就是云存储技术。云存储技术的出现，为企业提供了更加高效、可靠、安全的存储方式，其重要性越来越凸显，成为企业在数字化转型和创新过程中的重要基础设施。

本项目将带领读者一起了解常见的云存储技术，并体验华为云提供的一种重要的云存储服务——对象存储服务（Object Storage Service，OBS）。

6.2 必备知识

本节将介绍云存储（Cloud Storage，CS）的基本知识，主要包括云存储简介、云存储的发展及云存储的类型。

6.2.1 云存储简介

作为一种新兴的网络存储技术，云存储的应用领域非常广泛，在个人的移动数据存储以及企业数据存储中都能看到它的身影。

云存储简介

1. 云存储的概念

云存储，顾名思义，是将数据存储到云端的一种在线存储模式。将数据存放到云端，可以实现快速的数据备份与恢复，能够保护用户数据的安全性和完整性。用户可以在任何时间、任何地点，通过任何可联网的装置连接到云并方便地存取数据。

2. 云存储的特点

云存储在传统存储的基础上，通过分布式存储架构、集群存储等技术，实现数据的高可靠性、高可扩展性和高灵活性。

高可靠性：云存储提供了数据冗余和备份机制，能够确保数据的安全性和可靠性。

高可扩展性：云存储可以根据用户的需求动态扩展存储容量，无须进行硬件升级。

高灵活性：云存储使用用户可以根据需要随时访问和管理自己的数据，无论用户在任何时间、任何地点，只需要有网络连接即可。

6.2.2 云存储的发展

云存储的发展历程可以追溯到 20 世纪 70 年代的文件传送协议（File Transfer Protocol，FTP）和电子邮件服务，当时用户需要通过互联网将文件上传至服务器或通过电子邮件将文件发送给他人。随着互联网的普及和带宽的提升，网络存储逐渐变得普遍。

云存储的发展

在 20 世纪 90 年代末和 21 世纪初，一些公司开始提供远程备份和存储服务，用户可以将数据上传到远程服务器进行备份，以防止数据丢失或损坏。2006 年，亚马逊推出了首个大规模的云存储服务 Amazon S3（Simple Storage Service），标志着云存储进入了一个新的阶段。随后，其他公司纷纷推出了自己的云存储服务，如微软的 Azure 存储、谷歌的云存储以及 Dropbox 的云存储、百度公司的百度网盘、腾讯公司的腾讯微云等。这些云存储服务提供商不仅提供了基本的文件存储和备份功能，还提供了更多的增值服务，如文件同步、共享和协作等。

随着移动互联网的快速发展，云存储逐渐融入移动设备的使用中。用户可以通过云存储将照片、音乐、视频等数据保存在云端，然后通过手机、平板电脑等设备随时随地进行访问和共享。随着大数据、人工智能等技术的快速发展，对数据的存储量和存储速度的需求不断增加，云存储服务提供商将面临更大的挑战和机遇。同时，随着隐私保护和数据安全意识的提高，云存储已经成为未来存储发展的一种趋势，云存储技术正朝着具有更高的可扩展性、更高的可靠性和安全性、更高效的资源利用、更智能的数据管理和更广泛的应用场景的方向发展。

6.2.3 云存储的类型

云存储可以按照数据的存储位置和存储形式进行分类。

云存储的类型

1. 按照数据的存储位置分类

按照数据在云端的存储位置可以把云存储分为个人云存储、私有云存储、公有云存储和混合云存储这4类。

（1）个人云存储：由网络连接用户拥有的本地存储设备，用户通过网络实现数据的存取。这些数据包括文本、图形、照片、视频和音乐等。

（2）私有云存储：将企业在本地拥有和管理的设备虚拟化成若干存储设备，通过网络为企业内部人员提供数据存储服务。对数据安全性要求高的企业更愿意使用私有云存储来存放数据。

（3）公有云存储：由云存储服务提供商构建、拥有、管理和维护其基础架构。用户可以通过购买或租赁的方式使用公有云存储服务。百度网盘、腾讯微云、天翼云盘、苹果 iCloud、小米云盘等都属于公有云存储。

（4）混合云存储：公有云存储、私有云存储和数据中心存储的组合应用。它结合了企业私有云存储的高私密性与公有云存储的高灵活性、高可伸缩性及低成本优势。

2. 按照数据的存储形式分类

按照数据在云端的存储形式的不同可以把云存储分为文件存储（File Storage）、块存储（Block Storage）、对象存储（Object Storage）这3类。

（1）文件存储：云存储中的文件存储和本地的文件存储类似，是一种将数据以文件的形式保存在计算机系统或其他存储设备中的存储方式，只是这些存储设备在云端而已。通过 FTP、网络文件系统（Network File System，NFS）等服务可以对文件进行访问。它的特点是使用简单、兼容性好，但响应速度和存储容量一般。腾讯云文件存储（Cloud File Storage，CFS）、华为云的弹性文件服务（Scalable File Service，SFS）都是文件存储的典型代表。

（2）块存储：块存储中的"块"是指存储系统采用一整块的存储设备，如一块硬盘。块存储可以将裸磁盘空间虚拟成一整块硬盘提供给云主机使用。这一块虚拟出来的硬盘对云主机的操作系统来说是可以被直接挂载的物理硬盘。块存储的特点是响应速度极快，同时具有高稳定性和可靠性，但其价格较昂贵，通常用于存储更新频繁的数据。各大云服务提供商所提供的云硬盘产品都是块存储的典型代表。

（3）对象存储：对象存储以对象（封装）的形式管理数据。对象和文件最大的不同就是对象在文件基础之上增加了元数据。对象数据可以分为两部分：一部分是数据（存储于对象存储服务器中），另一部分是对应的元数据（存储于元数据服务器中）。数据通常是无结构的数据，如图片、视频或文档等。而元数据指的是对数据的相关描述，如图片的大小、文档的拥有者、数据存储的位置信息等。当需要访问某个对象时，需要先查询元数据服务器获得具体位置信息，再从对象存储服务器中获得具体数据。对象存储主要用于分布式存储，其存储容量巨大，但速度较慢。对象存储主要用于存储非结构化数据，如照片、视频和文档等，这些数据通常是一次性写入并多次读取的。此外，对象存储可以用于备份和归档数据，以及为云计算环境提供存储基础设施。对象存储是一种高效、灵活、可扩展和安全的计算机数据存储架构，适用于各种应用场景，包括云计算、大数据、人工智能和物联网等。对象存储的典型代表包括百度网盘和小米云盘在内的各种云盘产品、各大云平台提供的对象存储服务，如阿里云的对象存储服务（Object Storage Service，OSS）、腾讯云对象存储（Cloud Object Storage，COS）服务、华为云的对象存储服务（Object Storage Service，OBS）等。

6.3 项目实施

本项目将体验华为云的 OBS。OBS 可为客户提供安全、高可靠、低成本的数据存储服务，且可以存储海量数据，使用时无须考虑容量限制，并且 OBS 提供了多种存储类型，可以满足客户各类业务场景的需求。

OBS 中存储对象的容器被形象地称为"桶"。本项目将实现桶的创建、桶内对象管理及资源回收等几种常见功能。

项目准备

6.3.1 项目准备

在项目实施之前，请按照表 6-1 进行准备。

表 6-1 项目准备

类别	名称	要求	来源
网络	互联网	连通互联网	自备
硬件	PC	Windows 10 及以上版本，64位专业版或企业版	自备
软件	Chrome 浏览器		自备并安装
	华为账号	已注册并可以使用	自备

6.3.2 购买服务

购买服务

在构建对象存储之前，需要购买存储资源包，才能开展后续操作。

登录华为云控制台后，从图 6-1 所示界面的左侧导航栏中，选择【所有服务】→【存储】→【对象存储服务 OBS】选项，如图 6-1 所示。

图 6-1 【华为云控制台 - 存储】界面：选择对象存储服务

进入图 6-2 所示的【对象存储服务 - 桶列表】界面，在左侧的导航栏中选择【资源包管理】选项。

图 6-2 【对象存储服务 – 桶列表】界面

进入图 6-3 所示的【对象存储服务 – 资源包管理】界面，单击【购买资源包】按钮。

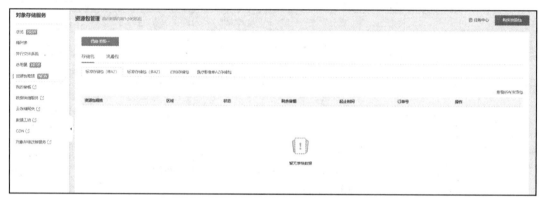

图 6-3 【对象存储服务 – 资源包管理】界面

进入图 6-4 所示的【购买资源包】界面。

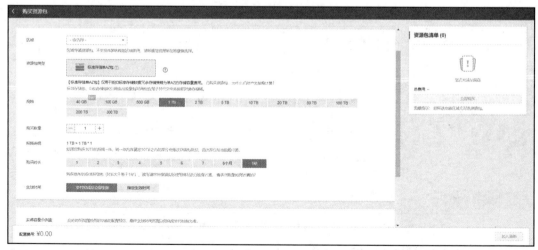

图 6-4 【购买资源包】界面

在【购买资源包】界面中，【区域】可就近选择，以减少网络时延，如本例选择【西南 – 贵阳一】区域；【资源包类型】可以选择【标准存储多 AZ 包】或【标准存储单 AZ 包】选项，如果选择【标准存储多 AZ 包】选项，则数据将被冗余存储至多个可用区，可靠性更高，如果选择【标准存储单 AZ 包】选项，则数据仅存储在单个可用区中，成本更低，本例选择【标准存储多 AZ 包】选项；【规格】选择【40GB】选项；【购买时长】选择【1】选项，即一个月；【生效时间】选择【支付完成后立即生效】选项。选择完成后，单击该界面右下角的【加入清单】按钮。

配置完成后如图 6-5 所示。查阅资源包清单及配置费用无误后，单击【立即购买】按钮。

图 6-5 【购买资源包】界面：配置完成

进入图 6-6 所示的订单确认界面，确认订单内容无误后，单击该界面右下角的【去支付】按钮。

图 6-6 【购买资源包】界面：订单确认

进入图 6-7 所示的【购买对象存储服务】界面，可以选择使用余额支付或在线支付的方式，完成支付。

图6-7 【购买对象存储服务】界面

支付完成后，弹出图 6-8 所示的【订单支付成功】提示框，此时就完成了对象存储服务的购买。单击【返回对象存储服务控制台】按钮，进行后续操作。

图6-8 【订单支付成功】提示框

6.3.3 创建"桶"

在完成对象存储服务的购买之后，在图 6-2 所示的【对象存储服务-桶列表】界面的左侧导航栏中，选择【桶列表】选项，并在【桶列表】右侧界面中单击【创建桶】按钮，进入【创建桶】界面。

如图 6-9 所示，【复制桶配置】不进行设置；在【区域】下拉列表中选择和购买的资源包一致的区域，如本例选择【西南－贵阳一】选项；【桶名称】根据规则可以自定义，如本例为"demo12"；【数据冗余存储策略】选择和购买的资源包的一致，如本例选择【多 AZ 存储】选项；【默认存储类别】选择【标准存储】选项；【桶策略】选择【私有】选项；【归档数据直读】选择【关闭】选项；【服务端加密】选择【不开启加密】选项；【标签】保持为空。设置完成后，单击【立即创建】按钮。

创建"桶"

弹出图 6-10 所示的【提示】对话框，确认无误后，单击【确认】按钮，提交创建申请。

确认完成后，自动回到【桶列表】界面。如图 6-11 所示，名为"demo12"的桶已经出现在了列表中，桶创建完成。

图 6-9 【创建桶】界面

图 6-10 【提示】对话框

图 6-11 【对象存储服务 – 桶列表】：桶创建完成

6.3.4　对象管理

桶创建完成后，可以用于存储文本、图片、视频等文件，这些文件被统称为对象。

对象管理

1. 启用多版本控制

可以对桶中的对象进行版本控制，也就是对同名对象进行多次操作时，每次操作都会对应一个版本号进行保存，删除其中一个版本的文件不会影响其余的版本。在图 6-11 所示的【对象存储服务-桶列表】界面的桶列表中单击要设置多版本控制的桶，进入该桶的【概览】界面。将右侧界面下移至【基础配置】选项组，单击【多版本控制】链接，弹出【多版本控制】对话框，选中【启用】单选按钮，单击【确定】按钮，如图 6-12 所示。

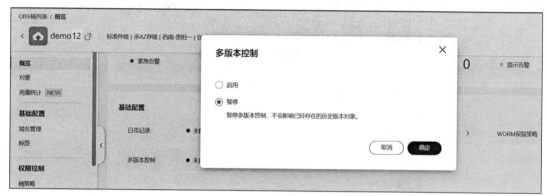

图 6-12　启用多版本控制

设置完成后，【多版本控制】选项显示为"已启用"状态，并在界面上方弹出一个提示框，其中显示"启用多版本控制成功。"，如图 6-13 所示。

图 6-13　启用多版本控制成功

2. 上传对象

选择左侧导航栏中的【对象】选项，进入图 6-14 所示的【OBS 桶列表/对象】界面，单击【上传对象】按钮。

图 6-14 【OBS 桶列表/对象】界面

弹出图 6-15 所示的【上传对象】对话框的初始状态。

若在该对话框中不指定【存储类别】，则其默认与桶的存储类别一致，本例中选择【标准存储】选项；在【上传对象】选项组中，可通过拖曳本地文件或文件夹至该文本框内或者通过单击【添加文件】链接的方式来选择本地文件进行上传，本例添加了一个名为"demo11.docx"的文档；【服务端加密】选项组可以设置上传的对象是否加密，本例选择【不开启加密】选项。

图 6-15 【上传对象】对话框：初始状态

该对话框设置完成的状态如图 6-16 所示，【上传】按钮由灰色转变为红色（处于可用状态），单击【上传】按钮，完成对象上传。

图 6-16 【上传对象】对话框：设置完成的状态

文件上传完成后，将在右侧进入图 6-17 所示的【任务中心】界面，在【任务中心】界面的【上传】列表中可以看到已上传对象的相关状态信息。

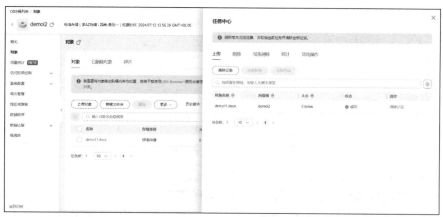

图 6-17 【任务中心】界面

可通过同样的方式再次上传一个不同类型的文件，如本例再次上传了名为"demo12.jpg"的图片。图 6-18 所示为上传完成后该桶中的【对象】列表，可以看到桶中已经存在的所有对象信息。

图 6-18 【对象】列表

3. 下载对象

存储在 OBS 中的文件，可通过 OBS 管理控制台下载至本地。通过单击图 6-11 所示的桶列表中已存在的桶名链接打开该桶，进入图 6-19 所示的【对象】界面，在其中的列表中单击待下载文件右侧【操作】列中的【下载】链接。

图 6-19 【对象】界面：选择下载文件

弹出图 6-20 所示的浏览器【新建下载任务】对话框，单击【下载】按钮，完成文件的下载。

图 6-20　浏览器【新建下载任务】对话框

4. 删除对象

上传的对象在不需要的时候可以删除。

在图 6-21 所示的【对象】界面的【对象】列表中，勾选要删除的文件名称左侧的复选框，选择右侧【操作列】中的【更多】→【删除】选项。

图 6-21　【对象】列表：删除文件

在弹出的图 6-22 所示的【删除对象】对话框中单击【确定】按钮，完成删除操作。

图 6-22　【删除对象】对话框

文件删除完成后，在图 6-23 所示的【对象】列表中已经不显示该文件了。但是，该文件其实并没有被彻底删除，只是被打上了删除标记而已，在【已删除对象】列表中还能够看到该文件，可以在此进行彻底删除或者取消删除找回文件操作。

图 6-23　【对象】列表：【demo12】已删除

选择【已删除对象】选项卡，在图 6-24 所示的【已删除对象】列表中显示了刚删除的文件。单击【彻底删除】链接，可彻底删除文件。如果想取消删除，则可单击【取消删除】链接，取消删除后文件会重新显示在桶的【对象】列表中。

图 6-24 【已删除对象】列表

5. 文件夹管理

桶中除了可以放置文件对象以外，还可以放置文件夹来对存储在 OBS 中的数据进行分类管理。

（1）新建文件夹

在【对象】列表中单击【新建文件夹】按钮，弹出图 6-25 所示的【新建文件夹】对话框。

在【文件夹名称】文本框中输入文件夹名称，命名文件夹时请注意遵守其下方的"命名规则"。文件夹名称输入完成后，单击【确定】按钮，回到【对象】列表。

图 6-25 【新建文件夹】对话框

在【对象】列表中，可以看到创建完成的文件夹，如图 6-26 所示。

图 6-26 【对象】列表：创建完成的文件夹

单击文件夹的名称后将弹出【对象】列表，此时文件夹内无文件，如图 6-27 所示。

图 6-27　文件夹内无文件的【对象】列表

按照之前"上传对象"的操作，上传一个文件到该文件夹中。图 6-28 所示为文件夹内有文件的【对象】列表。

图 6-28　文件夹内有文件的【对象】列表

（2）删除文件夹

返回桶的【对象】列表，勾选要删除的文件夹名称左侧的复选框以选中文件夹，如图 6-29 所示，单击【操作】列中的【删除】链接。

图 6-29　【对象】列表：选中文件夹

在弹出的图 6-30 所示的【删除文件夹】对话框中单击【确定】按钮，完成文件夹的删除操作。

图 6-30　【删除文件夹】对话框

选择【已删除对象】选项卡，在图 6-31 所示的【已删除对象】列表中可以单击【彻底删除】链接来彻底删除该文件夹。

图 6-31 【已删除对象】列表

（3）恢复文件夹内的文件

从图 6-31 中可以看到文件夹操作的【取消删除】链接是灰色的，也就是说文件夹不能直接进行取消删除操作。如果想恢复文件夹内的文件，则可进入该文件夹选择文件进行取消删除操作。

单击文件夹名称，进入图 6-32 所示的文件夹内的文件列表界面。在文件列表中可以看到所有随文件夹一起被删除的文件。勾选要恢复的文件名称左侧的复选框，单击【操作】列中的【取消删除】链接，弹出图 6-33 所示的【取消删除文件】对话框。

图 6-32 文件夹内的文件列表界面

在【取消删除文件】对话框中，单击【确定】按钮，完成取消删除操作。

图 6-33 【取消删除文件】对话框

将文件夹内的文件恢复后，在图 6-34 所示的【对象】列表中可以看到文件夹随着文件的恢复而恢复了。

图 6-34 【对象】列表：文件夹已恢复

资源回收

6.3.5　资源回收

如果不需要桶，则可以将其删除，以免占用桶数量配额继续产生费用。如果桶中存储了对象，则是不能将桶直接删除的，只有彻底删除对象后，才能删除桶。

按照 6.3.4 小节介绍的对象管理方法，将桶内对象全部彻底删除后，进入图 6-35 所示的【桶列表】界面，勾选要删除的桶名称左侧的复选框，单击【操作】列中的【删除】链接。

图 6-35　【桶列表】界面

在弹出的图 6-36 所示的【删除桶】对话框中单击【确定】按钮，提交删除桶的申请。

图 6-36　【删除桶】对话框

弹出图 6-37 所示的【操作确认】对话框。在该对话框中，【验证方式】可以选择"手机""邮箱""虚拟 MFA"其中之一，如本例选择以"手机"方式进行验证，单击【获取验证码】按钮后，在【验证码】文本框中输入手机收到的验证码，单击【确定】按钮，即可完成桶的删除。

图 6-37　【操作确认】对话框

桶删除完成后，在图 6-38 所示的【桶列表】界面中可看到桶列表数据为空。

图 6-38 【桶列表】界面：桶列表数据为空

6.4 项目小结

项目小结

云存储提供弹性可扩展的存储空间，能够安全、可靠地存储海量数据，并支持跨地域访问和共享，其自动化管理和多层安全保障功能降低了数据丢失风险，提高了工作效率。云存储使用户能够随时随地访问数据，满足了企业在大数据时代的数据存储和管理需求。云存储可以按照数据的存储位置和存储形式进行分类。其中，按照数据的存储位置可以分为"个人云存储""私有云存储""公有云存储""混合云存储"，按照数据的存储形式可以分为"文件存储""块存储""对象存储"。"文件存储"使用简单、兼容性好；"块存储"响应速度极快，但价格较昂贵；"对象存储"速度较慢但价格便宜，主要用于分布式存储。

本书项目基于华为云，带领读者体验了公有云上"对象存储"从创建到删除的一个完整生命周期。这一过程揭示了云存储的高效、灵活和安全的特性，同时为用户提供了云存储使用的实践指南。

6.5 项目练习题

1. 选择题

（1）以下不属于云存储类型的是（　　）。
  A. 文件存储　　　　B. 块存储　　　　　C. 文件夹存储　　　C. 对象存储

（2）阿里云的对象存储服务 OSS 是一种（　　）。
  A. 本地存储　　　B. 对象存储　　　　C. 文件存储　　　　D. 块存储

（3）华为云的对象存储服务 OBS 中存储对象的容器是（　　）。
  A. 文件夹　　　　B. 桶　　　　　　　C. 资源包　　　　　D. 硬盘

2. 判断题

（1）在云存储的所有类型中，文件存储的速度最快。（　　）

（2）对象存储适用于分布式存储的场景中。（　　）

（3）云硬盘是一种文件存储服务。（　　）

（4）桶必须是空的才能删除。（　　）

3. 实训题

在华为云上创建一个名为"Storage"的桶，在桶中新建文件夹"file1"，上传本地文件至文件夹"file1"中，删除桶"Storage"。

项目 7

体验云应用

07

学习目标

【知识目标】

（1）理解云计算是现代信息技术发展的引擎。

（2）了解大数据的基本概念。

（3）了解人工智能的基本概念。

【技能目标】

（1）能够使用SaaS云应用。

（2）能够使用国产人工智能云应用进行文档创作。

（3）能够使用国产人工智能云应用进行图像创作。

【素质目标】

（1）培养深入学习与探索的精神。

（2）基于我国现代信息技术发展属于世界领先水平，培养民族自豪感。

（3）培养利用人工智能工具的创新能力。

引例描述

学习目标　　　　引例描述

国务院2016年印发的《"十三五"国家战略性新兴产业发展规划》中已明确指出随着"信息革命进程持续快速演进，物联网、云计算、大数据、人工智能等技术广泛渗透到经济社会各个领域，信息经济繁荣程度成为国家实力的重要标志"，云计算成为国家战略性新兴产业的一部分。而在2021年颁布的《中华人民共和国国民经济和社会发展第十四个五年规划和2035年远景目标纲要》中又进一步明确了国家将"培育壮大人工智能、大数据、区块链、云计算、网络安全等新兴数字产业"，其中，云计算在数字经济中具有核心作用，云计算为大数据、人工智能等新兴产业的发展提供了强大的驱动力，因此云计算又被称为现代信息技术的引擎。当前，新兴数字产业呈现出蓬勃的增长态势，它们基于在线云平台提供了各式各样的SaaS云应用，支持用户进行数字化创新的同时促进了产业融合。

小王接到一个紧急的任务：为学校的云计算协会写一个活动策划案，并在其中加上一些插图。规定完成该活动策划案的时间很短，根本来不及对其进行编写，而且小王没有一点绘画功底，该怎么来完成这个任务呢？有没有在线应用能帮帮他呢？

7.1 项目陈述

云计算这种通过大集群计算机为客户提供服务的模式自然会在运行过程中产

项目陈述

生大量的数据，这些数据为大数据技术发展提供了"原料"，同时，大数据分析需要用到的大量算力也需要云计算平台集中服务器来提供服务。大数据技术的进步推动了在其基础上发展起来的人工智能技术的进步。人工智能目前已经渗透到人们生活的方方面面，为人们的生活带来诸多便利。随着人工智能的快速发展，人工智能应用已经可以用于实际的人机对话、文章编写、情景绘画等工作。

本项目将借助云上的人工智能应用，完成文档与图像创作，带领读者一起体会云与人工智能的关系并见识人工智能的强大能力。

7.2 必备知识

云计算是现代信息技术的核心组成部分和推动现代信息技术创新与发展的引擎。它为企业和组织提供了可扩展、高可用的计算资源，使得信息技术更加高效、灵活和可靠。云计算与大数据、人工智能的关系如图 7-1 所示。

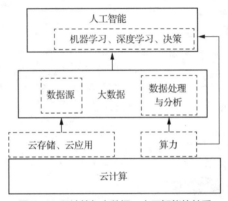

图 7-1 云计算与大数据、人工智能的关系

从图 7-1 中可以看出，云计算为大数据和人工智能提供了云存储和云应用的相关功能，以及算力支持，是二者的重要基础。

7.2.1 大数据简介

1. 大数据的概念

大数据（Big Data）是指无法在一定时间范围内用常规软件工具进行捕捉、处理和管理的数据集合。它是一种海量、增长率高且多样化的信息资产，因此这些数据需要使用新的处理技术来进行处理和分析。针对大数据的处理与分析技术就是大数据技术。

（1）大数据的 4V 特征

维克托·迈尔-舍恩伯格和肯尼思·库克耶在 2013 年出版的《大数据时代：生活、工作与思维的大变革》一书中，指出了大数据应该具有的 4 个特征，即数据的体量（Volume）大、速度（Velocity）快、多样性（Variety）丰富，以及价值（Value）密度低，合称 4V。

① 体量大：大数据的数据体量大。随着互联网的普及和各种数字技术的广泛应用，信息量正在以惊人的速度增长。每一天都有海量的新数据、新信息被生成和传输。

② 速度快：数据的增长速度快，处理速度也要快，对时效性的要求很高，例如，搜索引擎要求几分钟前出现的新闻能够被用户查询到，同时个性化推荐算法要求尽可能实时完成新闻推荐。速度快是大数据区别于传统数据最显著的特征。

③ 多样性丰富：数据来源和类型的多样性丰富。数据不仅包括来自企业内部的运营数据、用户数据，还包括来自互联网、物联网、社交媒体等外部数据源的数据。这些数据类型繁多，可以是具有固定格式和字段的数据（如数据库中的表格数据），也可以是没有固定格式的数据（如文本、图片、音频、视频等数据）。

④ 价值密度低：虽然每个数据都具有价值，但是每个数据单独的价值密度都很低，价值比较分散。需要通过对海量数据进行分析和挖掘，以揭示出数据背后的价值和规律，为辅助决策、流程优化、用户体验提升和创新发展等提供支持。

（2）大数据的基本处理过程

如图 7-2 所示，大数据的基本处理过程包括"数据收集""数据清洗和预处理""数据存储""数据统计分析与挖掘""数据可视化"等环节，而且这些环节相互关联。

图 7-2　大数据的基本处理过程

① 数据收集：通过各种手段和工具从各种来源收集数据，例如，在线云平台就是一个很好的数据来源。收集到的数据（如传感器数据、社交媒体数据、日志文件等）可能来自不同的领域、具有不同的格式。

② 数据清洗和预处理：在收集到的数据中，可能存在大量重复、无效或错误的数据，因此，需要进行数据清洗和预处理，以确保数据的质量和准确性。这个环节包括去除重复和无效的数据，将数据格式统一转换为某一格式等。

③ 数据存储：由于大数据的规模巨大，通常需要采用分布式存储技术（如大型分布式数据库或分布式存储集群）来存储这些数据。

④ 数据统计分析与挖掘：通过各种算法和工具对数据进行深入的分析和挖掘，以发现数据的价值。这个环节中可能会使用到统计分析、机器学习、数据挖掘等技术。

⑤ 数据可视化：将分析的结果通过图表等方式呈现出来，以便更好地理解和利用数据。数据可视化可以帮助分析师更直观地发现数据的分布规律和发展趋势。图 7-3 所示为一个数据可视化大屏。

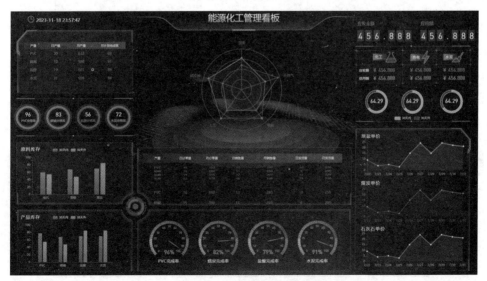

图 7-3　一个数据可视化大屏

总之，大数据的处理过程是一个复杂而精细的过程，需要综合运用各种技术和工具来处理及分析海量的数据，以提取有价值的信息和知识，而这一切就构成和催生出了大数据技术。

2. 大数据技术的发展

大数据技术的发展历程可以追溯到 20 世纪 90 年代末和 21 世纪初。当时，随着计算机数据产生速度的加快和规模的急剧增加，传统的数据处理方法已经无法满足处理海量数据的需求。这推动了大数据技术的萌芽和发展。

① 突破阶段：2003—2006 年，非结构化的数据（如图像和文本等）大量出现，传统的数据处理方法难以应对，这一阶段也称为非结构化数据阶段。

② 成熟阶段：2006—2009 年，基于谷歌公司提出的分布式计算系统框架（MapReduce），实现了大规模数据集（数据量大于 1TB）的并行运算。此后，各种开源项目和商业化产品不断涌现，其中包括 Hadoop、Spark 等优秀产品。

③ 应用阶段：2009 年之后，大数据基础技术成熟，学术界及企业界纷纷开始转向应用研究，大数据技术开始逐渐向商业、科技、医疗、教育、交通等多个领域渗透。同时，随着大数据技术与云计算、人工智能等技术的深度融合，越来越多的应用场景和相关产品被开发出来。

3. 云上的大数据产品

如图 7-4 和图 7-5 所示，目前华为云、阿里云等国内主要公有云平台都提供了大数据产品。这些云上大数据产品致力于为企业提供一站式的大数据解决方案，借助云平台的海量数据存储、处理和分析能力，企业能够更好地管理和利用数据资产。

图 7-4　华为云提供的大数据产品

图 7-5　阿里云提供的大数据产品

云上的大数据服务具有可扩展、灵活、高可用、可靠、强大的计算和存储能力，安全及成本效益高等优势，这些优势使得企业通过该平台可以更加高效、安全地处理和分析大规模的数据集，为业务决策和发展提供有力的支持。

① 可扩展和灵活：云上的大数据产品可以根据企业的需求进行快速扩展或缩减，具有极高的灵活性。企业可以根据实际需求来购买和使用资源，以免因过多的硬件投入而造成浪费。

② 高可用和可靠：云服务提供商通常会采用高可用和可靠的技术，确保大数据产品的稳定运行和数据安全。同时，云上的大数据产品具有自动容错和恢复功能，可以减少故障对业务的影响。

③ 强大的计算和存储能力：云上大数据平台拥有强大的计算和存储能力，可以满足大数据处理和分析的需求。企业可以利用这些能力来处理大规模的数据集，进行复杂的数据分析和挖掘。

④ 安全：云服务提供商通常具有专业的安全团队和强大的安全防护能力，进而保护企业的数据安全。同时，云上的大数据产品提供了加密、访问控制等安全措施，以确保数据不被未经授权的人员获取。

⑤ 成本效益高：与传统的本地部署相比，云上的大数据产品具有更高的成本效益。企业可以根据实际需求来支付费用，无须一次性投入大量的资金。

7.2.2 人工智能简介

人工智能简介

1. 人工智能的概念

人工智能（Artificial Intelligence，AI）是研究与开发用于模拟、延伸和扩展人的智能的理论、方法、技术及应用系统的一门新的技术学科，它是计算机科学的一个分支，旨在开发出能以与人类智能相似的方式做出反应的智能机器。人工智能领域的研究包括机器人、语音识别、图像识别、自然语言处理和专家系统等。1950 年，英国数学家艾伦·图灵提出了"图灵测试"：如果一台机器能够与人类展开对话（通过键盘、显示器等电传设备）而不被辨别出其是人还是机器，那么称这台机器具有智能。这一测试成为人工智能领域的重要标准之一，图灵也因此被称为"人工智能之父"。1956 年，美国达特茅斯学院举行了历史上第一次人工智能研讨会，约翰·麦卡锡首次提出了"人工智能"这个概念，自此，"人工智能"作为一个术语诞生了。

2. 人工智能的发展

人工智能的起源可以追溯到古希腊时期，当时的人们就开始探索如何让机器执行一些简单的任务。到了 20 世纪，计算机科学、控制论、信息论等理论的出现，真正奠定了人工智能的理论基础。人工智能的发展需要 3 个重要的基础，分别是数据、算力和算法，而云计算是提供算力的重要途径，所以云计算可以看作人工智能发展的基础。自 2010 年以来，随着云计算技术的发展，计算机算力得到了飞速提升，同时促进了人工智能技术的快速发展，从此人工智能逐渐被应用于各个领域中。例如，2011 年，IBM 的"沃森"超级计算机在一档智力竞赛节目中战胜了两位人类冠军，标志着人工智能在自然语言处理和信息处理方面取得了重大进展；2012 年，谷歌的无人驾驶汽车在美国加利福尼亚州进行了测试，标志着人工智能在自动驾驶领域的研究进入了实际应用的阶段；2016 年，谷歌的 AlphaGo 战胜了世界围棋冠军李世石，进一步证明了人工智能在决策类游戏中的强大能力；而 2022 年 11 月用于人机对话的生成式预训练模型（Chat Generative Pre-trained Transformer，ChatGPT）的上线成为人工智能发展史上又一标志性事件，在全世界范围内再次掀起了人工智能能否取代人类工作岗位的激烈讨论。

3. 人工智能的主要技术

当前人工智能的主要技术包括机器学习、深度学习、自然语言处理和计算机视觉等。

① 机器学习：人工智能的基础，它使计算机能够在没有人为干预的情况下从数据中学习。

② 深度学习：机器学习的一种，它借助多层神经网络来学习数据。

③ 自然语言处理：致力于让计算机理解、解析或生成人类语言，涉及语义分析、机器翻译等领域。

④ 计算机视觉：使机器能"看"并理解图像和视频，包括物体识别、图像分类、目标检测等领域。

4. 云上的人工智能产品

目前，人工智能产品已经深入了人们的生活。人们最常接触的智能语音助手，如华为公司的"小艺"、小米公司的"小爱同学"等。目前国内主要的公有云平台（如阿里云、华为云等）也提供了很多人工智能产品，如图 7-6 和图 7-7 所示，人们可以直接使用或者将其作为 PaaS 嵌入自己的产品中以增强产品功能。

图 7-6　阿里云提供的人工智能产品

图 7-7　华为云提供的人工智能产品

这些人工智能产品可以丰富人类的生活，它们的智能化程度是一个国家科技能力的标志。在智能化先进性方面，ChatGPT 和我国百度公司开发的"文心一言""文心一格"表现出色，它们都提供了部署在云端的 SaaS，不用下载和安装，通过网络即可直接使用。

（1）流畅交流的 ChatGPT

ChatGPT 是由美国人工智能研究机构 OpenAI 开发的人工智能对话系统，于 2022 年 11 月 30 日发布。ChatGPT 是人工智能技术驱动的自然语言处理工具，它能够通过理解和学习人类的语言来进行对话，还能够根据聊天的上下文进行互动，真正像人类一样进行聊天，甚至能完成撰写邮件、视频脚本、文案、代码，以及翻译文本等任务。ChatGPT 具有如下特点，这些特点使它成为当前热门的云计算产品。

① 具有自然流畅的对话能力。ChatGPT 通过对海量对话数据的学习，能够逼真地模拟自然语言交互情景，理解语境，根据上下文生成回答，并识别当前对话的主题。

② 自动生成精准的回答。ChatGPT 可以根据用户输入的关键词、主题、语气等信息智能生成文字，并且生成的文字上下文衔接自然、结构清晰。

③ 人机顺畅交流，实现智能的对话。ChatGPT 可以进行自然、流畅和个性化的对话，与用户进行有意义的互动，并提供个性化的建议和解决方案。

④ 能够支持各类自然语言。ChatGPT 支持不同的语言、方言、口音等。ChatGPT 可以用于跨语言交互，帮助用户解决跨语言沟通的问题。

⑤ 具有强大的上下文理解能力。ChatGPT 不仅能理解并回答用户的问题，还能理解用户的情绪和需求，根据用户输入内容的上下文与用户进行连贯的对话。

⑥ 丰富的应用场景。ChatGPT 的应用场景十分丰富，可以应用于自然语言生成、聊天机器人、智能客服、智能写作等领域。

（2）中文创作能手"文心一言"

"文心一言"是一款由百度公司开发的人工智能对话系统，它于 2023 年 3 月正式上线，目前已经吸引了上千万的用户和粉丝。"文心一言"和 ChatGPT 都属于自然语言处理工具，具备生成自然语言文本的能力。二者都基于大型的预训练模型，可以生成高质量的文本，且都支持多种语言。但"文心一言"主要针对中文进行处理，而 ChatGPT 主要针对英文进行处理。"文心一言"的主要特点和功能如下。

① 基于大规模的中文语料库和先进的自然语言处理技术，"文心一言"可以理解用户的输入，生成合理、连贯、有逻辑的回答。"文心一言"不仅可以回答常识性的问题，还可以回答专业性的问题，涵盖科学、历史、文化、艺术等多个领域的知识。

② "文心一言"具有强大的知识图谱和记忆能力，可以根据用户的信息和喜好进行个性化的对话。"文心一言"不仅可以记住用户的姓名、年龄、职业等基本信息，还可以记住用户的兴趣爱好、情感状态、聊天内容等细节信息，也可以根据用户的反馈，不断地调整自己的回答方式和风格。

③ "文心一言"具有丰富的情感表达方式和幽默感，可以与用户进行流畅、自然、有趣的对话。"文心一言"不仅可以使用文字与用户进行交流，还可以使用表情、图片、音频等多媒体形式与用户进行交流，也可以根据不同的场景和话题，使用不同的语气和语调与用户进行交流。

④ "文心一言"具有强大的创造力和想象力，可以与用户进行多样化和开放式的对话。"文心一言"不仅可以回答用户的问题，还可以提出自己的问题，引导用户进行思考和探索，也可以与用户进行故事创作、诗歌创作、歌曲创作等多种形式的创作。

（3）人工智能绘画能手"文心一格"

"文心一格"是百度公司推出的一个中文人工智能绘画平台。人工智能绘画是通过人工智能技术实现的一种绘画形式，它使用算法和机器学习模型来生成艺术作品。人工智能绘画有很多不同的风格和方法，可以根据文字、图片或声音等输入来创造出惊人的效果。"文心一格"可以根据用户输入的文本描述和选择的风格，自动生成独一无二的画作，让更多用户体验到人工智能绘画的乐趣，也为专业的设计师提供更多的灵感和参考。它具有以下特色。

① 一语成画，智能生成。用户在体验"文心一格"时只需要对系统输入一句话，人工智能就能够

自动生成创意画作。通过分析用户输入的简单描述，平台能自动从视觉、质感、风格、构图等角度进行智能补充，从而生成精美的图片。

② 东方元素，中文原生。"文心一格"是我国全自研的原生中文"文生图"系统，"文心一格"及其背后的文心大模型在数据采集、输入理解、风格设计等多个层面持续探索，形成了具备中文自然语言理解能力的技术优势，对中文用户的语义理解深入、到位，适合在中文环境下使用和落地。

③ 多种功能，满足体验。如果对生成的图片不那么满意，则"文心一格"有很多可以帮助用户进行二次编辑的功能：一是涂抹功能，用户可以涂抹对图片不满意的部分，使模型调整生成的图片；二是图片叠加功能，用户给出两张图片，模型会自动生成一张叠加后的创意图。"文心一格"还支持可控图片生成，即根据图片的动作或者线稿等生成新图片，使图片生成的结果更可控。

7.3 项目实施

本项目将体验使用国内典型的人工智能云应用——"文心一言"和"文心一格"来完成诗词创作，新闻报道、策划案、程序编写，根据文字绘画等工作。

7.3.1 项目准备

在项目实施之前，请按照表 7-1 进行准备。

项目准备

表 7-1　项目准备

类别	名称	要求	来源
网络	互联网	连通互联网	自备
硬件	PC	Windows 10 及以上版本，64 位专业版或企业版	自备
软件	Chrome 浏览器		自备并安装
账号	百度会员	免费会员	自备

7.3.2　使用国产人工智能云应用进行文档创作

使用"文心一言"进行文档创作的步骤如下。

（1）登录"文心一言"云应用

使用浏览器进入图 7-8 所示的"文心一言"网站首页。单击【开始体验】按钮，并用百度账号登录，进入图 7-9 所示的"文心一言"云应用主页。

使用国产人工智能云
应用进行文档创作

图 7-8　"文心一言"网站首页

图 7-9 "文心一言"云应用主页

进入"文心一言"云应用主页后，就可以通过应用提供的图 7-10 所示的人机对话输入框与应用进行交互了。

图 7-10 人机对话输入框

（2）使用"文心一言"创作诗词

以作诗来体验一下"文心一言"的创作功能，看看它到底有多智能。通过人机对话输入框将要求提交给"文心一言"云应用，如图 7-11 所示，让应用创作一首包含"云计算"3 个字的古体诗，它会很快响应请求，并给出图 7-12 所示的类似结果，之所以是类似结果，而不是完全一样的结果，是因为这是由人工智能"创作"的，因此每次生成的结果均不一样。

图 7-11 通过人机对话输入框提交要求

图 7-12 "文心一言"作诗

147

如果对应用生成的结果不够满意，则可以单击【重新生成】链接来重新生成结果，直到对结果满意为止。

接下来提升难度，让"文心一言"按要求来作词。通过人机对话输入框将题目及词牌名要求告诉"文心一言"，可得到图 7-13 所示的类似结果。

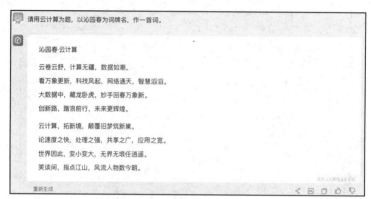

图 7-13 "文心一言"作词

从生成的结果可以看出"文心一言"的诗词创作的文笔还很"稚嫩"，和真正的诗"人"还有相当大的差距，但是从中已经能够初见诗词雏形，能够在一定程度上辅助人工创作。相信随着人工智能的发展，"文心一言"作为国内优秀人工智能的代表肯定会更加智能，有朝一日能写出真正的好诗词。

（3）使用"文心一言"写新闻报道

"文心一言"还可以用于多种场景，如生成新闻报道等，它可以大大降低文字工作者的工作强度。图 7-14 所示为"文心一言"按照要求写的一篇关于神舟十七号发射成功的新闻报道。需要注意的是，人工智能应用生成的内容不一定准确，读者需要对其进行认真考证后使用。

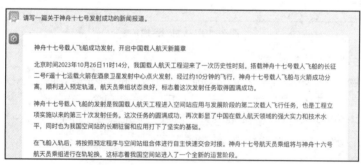

图 7-14 "文心一言"写新闻报道

目前，通过人工智能进行新闻创作已经在互联网上得到了广泛的应用。人工智能能够自动收集、整理、分析大量的数据和信息，并快速生成新闻稿件，这大大提高了新闻处理的效率，减少了新闻工作者的负担。当然，虽然人工智能在新闻创作方面有很多好处，但是它目前还不能完全取代新闻工作者。新闻工作者具有独特的思考、判断和创新能力，人工智能和新闻工作者相互协作能够提供更有人文关怀和深度的新闻报道。

（4）使用"文心一言"写策划案

人工智能通过分析和解读大量数据，可以帮助策划人员基于数据驱动的决策来制定策划案，这样可以更准确地了解目标受众、市场需求和竞争态势，从而制定出更有针对性的策划案。同时，制定策划案通常需要进行大量的市场调研和分析工作，人工智能可以通过分析大量数据自动处理这些工作，从而提高效率和生产力。另外，人工智能还可以通过分析过去的成功案例和创意，为策划人员提供新的创意和灵感，这有助于打破传统思维框架，制定出更具创新性的策划案。

如图 7-15 所示，将策划案的要求通过人机对话输入框告诉应用，让"文心一言"写出一篇关于云计算协会活动的策划案。

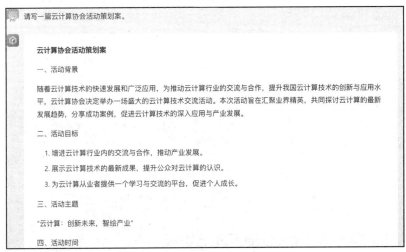

图 7-15 "文心一言"写策划案

很快，一份结构完整的策划案就会出现在我们面前。这份策划案在经过人工后期补充后就是一份可以投入使用的策划案了。

（5）使用"文心一言"写程序

人工智能目前也能协助程序员完成一些程序的编写工作，实现自动化代码生成，可以大大提高编程的效率，减少人为引入的错误，提高代码的质量和准确性，减少开发人员的工作量。

通过人机对话输入框让"文心一言"写一个 Java 游戏程序，如图 7-16 所示。

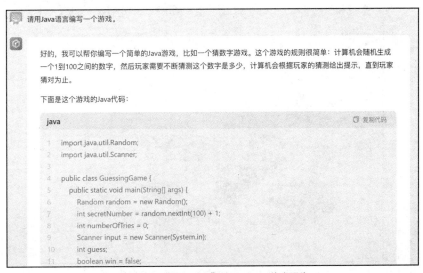

图 7-16 "文心一言"编写 Java 游戏程序

"文心一言"还支持多种编程语言，接下来让它编写一个 Python 爬虫程序，如图 7-17 所示。

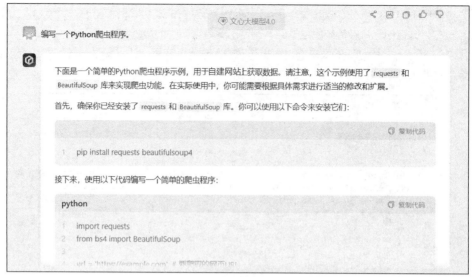

图 7-17 "文心一言"编写 Python 爬虫程序

7.3.3 使用国产人工智能云应用进行图像创作

1. 使用"文心一言"绘画

人工智能绘画（AI 绘画）是利用人工智能技术来生成图像或图形的过程。这种技术结合了深度学习、神经网络和计算机视觉等领域的知识，使计算机能够像人类一样绘制出各种图像。"文心一言"提供了简单的人工智能绘画功能。

通过人机对话输入框让"文心一言"画一幅水墨风格的描绘中国高铁的画，如图 7-18 所示。

使用国产人工智能云
应用进行图像创作

图 7-18 "文心一言"所绘水墨风格的画

"文心一言"还支持多种绘画风格，图 7-19 所示为其所绘的一幅油画风格的画。

图 7-19　"文心一言"所绘油画风格的画

2. 使用"文心一格"绘画

百度公司作为国内位居前列的人工智能公司，除了开发出了"文心一言"外，还开发出了"文心一格"中文作画人工智能平台。

（1）登录"文心一格"云应用

使用浏览器进入图 7-20 所示的"文心一格"网站首页。单击【立即创作】按钮，并用百度账号登录，进入图 7-21 所示的"文心一格"云应用主页。

图 7-20　"文心一格"网站首页

图 7-21　"文心一格"云应用主页

如图 7-22 所示，在"文心一格"云应用主页左侧，可以在输入框中输入绘画要求和自定义绘画的各种参数，如【画面类型】【比例】【数量】等。

图 7-22　"文心一格"设置绘画要求和各种参数

在【画面类型】选项组中选择【更多】选项，可以看到图 7-23 所示的"文心一格"支持的画面类型，如自动选择风格的【智能推荐】、漫画风格的【唯美二次元】、山水画风格的【中国风】等。

图 7-23　"文心一格"支持的画面类型

（2）使用"文心一格"绘制诗句描绘的场景

第 1 步，在输入框中输入要绘制场景的诗句。

第 2 步，保持选择参数选项中的【推荐】和画面类型中的【智能推荐】。

第 3 步，选择生成的图片比例为【方图】。

第 4 步，选择一次性产生的图片【数量】，这里保持默认的 4。

第 5 步，单击【立即生成】按钮，将以上设置提交给应用，稍等片刻即可获得生成的图片。

图 7-24 所示为"文心一格"对"大漠孤烟直，长河落日圆"进行理解并生成的油画风格的图片。

图 7-24 "文心一格"绘制诗句描绘的场景

（3）使用"文心一格"定制二次元图像

第 1 步，在输入框中输入想绘制的图像要求。

第 2 步，保持选择参数选项中的【推荐】和画面类型中的【唯美二次元】。

第 3 步，选择生成的图片比例为【方图】。

第 4 步，选择一次性产生的图片【数量】，这里保持默认的 4。

第 5 步，单击【立即生成】按钮，将以上设置提交给应用，稍等片刻即可获得生成的图片。

图 7-25 所示为"文心一格"对"篮球场上一个精彩的扣篮动作"进行理解并生成的二次元图像。

图 7-25 "文心一格"生成的二次元图像

（4）使用"文心一格"定制插图

小王为完成该紧急任务，需要给策划案加上一些恰当的插图，他可以通过文字对插图进行描述，并选择适合的风格进行绘制。

第 1 步，在输入框中输入想绘制的图像的要求，如限制画面中需要出现的内容、位置、大小等。

第 2 步，保持选择参数选项中的【推荐】，画面类型可以根据需求任选。

第 3 步，生成的图片比例可以在【竖图】【方图】【横图】中按照需求选择。

第 4 步，选择一次性产生的图片【数量】，这里保持默认的 4。

第 5 步，单击【立即生成】按钮，将以上设置提交给应用，稍等片刻即可获得生成的图片。

图 7-26 所示为"文心一格"对"云、计算机、网络未来的发展，海报背景"进行理解并生成的插图。

图 7-26 "文心一格"生成的插图

7.4 项目小结

云计算是现代信息技术发展的引擎，助推现代信息技术的发展。云计算为大数据技术提供了数据源、数据存储及用于数据处理的算力，而人工智能通过云平台提供的算力不断地对大数据进行学习而变得更加智能。SaaS 是一种通过云平台对外提供软件服务的云计算，它允许用户通过网络访问和使用应用程序，而无须在本地计算机上安装和运行软件。大数据和人工智能都有很多优秀产品通过 SaaS 云平台对外提供服务，本项目应用了两个典型的国产人工智能云应用——"文心一言""文心一格"来完成文档创作与图像创作。

项目小结

7.5 项目练习题

1. 选择题

（1）SaaS 是（　　）的缩写。

    A. 服务器即服务　　B. 软件即服务　　　C. 存储即服务　　　D. 平台即服务

（2）（　　）云平台提供的应用可以不用下载、安装而直接使用。

    A．IaaS   B．PaaS   C．SaaS   D．DaaS

（3）在 SaaS 云平台中，（　　）负责管理和维护数据安全。

    A．云服务提供商   B．用户   C．两者都有责任   D．无法确定

（4）下列选项中，不属于大数据的四大特征的是（　　）。

    A．多样性丰富   B．速度快   C．价值密度低   D．稳定性

（5）在大数据中，最常见的是（　　）。

    A．结构化数据   B．非结构化数据   C．半结构化数据   D．关系型数据

（6）下列选项中，最适合描述大数据的应用场景的是（　　）。

    A．社交媒体分析   B．实时交通监控   C．金融交易分析   D．以上都是

（7）人工智能的概念是在（　　）提出来的。

    A．1949 年   B．1951 年   C．1955 年   D．1956 年

（8）下列选项中，不属于人工智能的范畴的是（　　）。

    A．语音识别   B．自然语言处理   C．图像识别   D．农业种植

（9）在下列人工智能领域中，专注于模拟人类思维和行为的是（　　）。

    A．自然语言处理   B．计算机视觉   C．机器学习   D．以上都不是

（10）图灵测试是由（　　）提出的。

    A．艾伦·图灵   B．约翰·麦卡锡   C．马文·明斯基   D．雷·库兹韦尔

（11）图灵测试的主要目的是（　　）。

    A．评估计算机的执行速度

    B．评估计算机的存储能力

    C．评估计算机能否像人一样思考和理解语言

    D．评估计算机的图像处理能力

（12）如果一台机器在图灵测试中成功欺骗了评估者，使其相信自己是人类，则这意味着（　　）。

    A．该机器具有人类级别的智能

    B．该机器只是模仿人类的行为，并没有真正的智能

    C．该测试无效，因为人类太容易被欺骗

    D．以上都不能确定

2．填空题

（1）＿＿＿＿＿＿＿是现代信息技术发展的引擎。

（2）大数据有以下特点：数据体量＿＿＿＿＿＿＿、速度＿＿＿＿＿＿＿、＿＿＿＿＿＿＿丰富和价值＿＿＿＿＿＿＿。

（3）大数据的基本处理过程包括数据收集、＿＿＿＿＿＿＿和预处理、数据存储、数据统计分析与挖掘、数据可视化等环节。

（4）当前人工智能的主要技术包括机器学习、＿＿＿＿＿＿＿、＿＿＿＿＿＿＿、＿＿＿＿＿＿＿和＿＿＿＿＿＿＿。

（5）人工智能的发展需要 3 个重要的基础，分别是＿＿＿＿＿＿＿、＿＿＿＿＿＿＿和＿＿＿＿＿＿＿。

3．判断题

（1）人工智能技术的发展驱动了云计算技术的发展。（　　）

（2）大数据中的每一个数据都很重要。（　　）

（3）大数据技术只能处理结构化数据。（　　）

（4）因为大数据中的数据很多，所以在处理上不要求具有及时性。（　　）

（5）自然语言处理是人工智能的一个重要应用领域，旨在让机器理解和生成人类语言。（　　）

（6）深度学习是人工智能的一种重要技术，它利用神经网络模型学习和分析数据。（　　）

（7）人工智能只能处理结构化数据，无法处理非结构化数据。（　　）

（8）图像识别和计算机视觉是一回事。（　　）

（9）人工智能只能通过编程来实现，无法自我学习和进化。（　　）

（10）当前的人工智能技术已经能够实现强人工智能，即机器在各个方面都能超越人类智能。（　　）

4. 简答题

（1）请解释大数据的基本概念，以及大数据技术的核心思想。

（2）请简述大数据处理过程中的数据收集、数据清洗和预处理、数据存储、数据统计分析与挖掘这4个环节的作用和意义。

（3）请列举几个大数据在实际应用中的案例，并分析其在这些案例中的作用和价值。

（4）请谈谈对大数据技术未来发展的看法和预测。

（5）什么是人工智能？请简要描述其定义。

（6）人工智能在现实生活中的应用有哪些？请列举至少3个例子并加以说明。

（7）未来人工智能的发展趋势是什么？请预测至少2个发展趋势并加以解释。

5. 实训题

（1）请使用人工智能为班级设计一个"助学金"评选方案。

（2）请使用人工智能为学校运动会写一篇新闻报道。

（3）请使用人工智能的绘画应用画一幅自画像。

下篇
业务上云实战

项目 8

Web网站上云

08

学习目标

【知识目标】

（1）了解业务上云的必要性。

（2）了解云数据库的使用场景。

（3）了解云数据库的优势。

（4）了解华为云提供镜像的类型。

【技能目标】

（1）能够在公有云中创建云数据库。

（2）能够在公有云中管理云数据库。

（3）能够利用公有云市场镜像搭建网站。

【素养目标】

（1）培养严谨细致的做事态度。

（2）培养分析问题的科学思维。

引例描述

学习目标

引例描述

　　业务上云是指企业通过网络，将企业的基础设施、业务、平台部署到云端，利用网络便捷地获取计算、存储、数据、应用等服务。推动业务上云是产业数字化转型的重要环节。在2021年3月颁布的《中华人民共和国国民经济和社会发展第十四个五年规划和2035年远景目标纲要》中，将云计算列入了七大数字经济重点产业名录，要求"实施'上云用数赋智'行动，推动数据赋能全产业链协同转型"。云计算作为数字技术发展和服务模式创新的集中体现，是产业数字化转型的重要支撑。

　　小王加入了学校的"爱心志愿者服务社"社团，社团经常会开展各类志愿者活动，包括无偿献血、爱心家教、走访敬老院、爱心义卖、安全宣讲、图书馆服务、暖冬计划（去贫困山区送保暖品）等。但是小王发现，由于缺少一个开放的网络平台，爱心人士和帮扶对象以及志愿者之间存在信息交流不畅问题，因此小王萌生了搭建一个社团论坛网站的念头，这样大家就可以在该网站上发布活动公告或求助信息。从学会了如何在公有云平台使用弹性云服务器后，小王思考："能不能把论坛网站搭建在云端呢？如果能，则该如何操作呢？"

8.1 项目陈述

传统 Web 应用的部署需要自行采购计算、存储等硬件设备，并且需要专业的 IT 人员手动配置和管理这些硬件设备，其运营成本十分高昂。此外，如果将数据存储在本地，则可能会受到内部泄露、外部攻击和自然灾害等影响。而基于公有云的 Web 应用部署可以避免这些问题，Web 应用使用的云数据库相对于本地数据库具有更高的安全性和更好的隐私保护措施。另外，公有云平台提供了相应的运行监控功能，使用起来也更加方便。

项目陈述

本项目将使用公有云平台中的云数据库和弹性云服务器完成一个论坛网站的搭建，使读者在项目完成过程中体会将业务部署到云端的便捷性和优势。

8.2 必备知识

本节将介绍数据库的概念与常用云数据库的使用场景，以及云数据库与传统自建数据库的区别。另外，本节将介绍华为云及弹性云服务器支持的各种镜像类型和华为云的镜像市场，为后续搭建论坛网站做好知识储备。

8.2.1 数据库简介

1. 数据库

数据库（Database，DB）是指长期存储在计算机内，有组织的、可共享的数据集合。日常生活中，文本、数字、图像、声音、视频等凡是描述事物的符号记录都是数据。数据库可视为一个电子化的文件柜，用户可以对文件柜中的数据进行查询、新增、更新、删除等操作。例如，把学生的基本情况（学号、姓名、年龄、籍贯等）存放在一张表中，这张表就可以看作一个数据库，可以根据需要随时查询某学生的基本情况。

数据库简介

2. 数据库的分类

根据数据的建模方式和组织方式，数据库分为以下两大类。

（1）关系数据库

关系数据库是指采用关系模型来组织数据的数据库，以行和列的形式存储数据。简单来说，在关系数据库中，数据以表的形式构建，如图 8-1 所示。一个关系数据库就是由二维表及其之间的联系所组成的一个数据组织。关系数据库是构建应用程序和系统的常见的数据库类型。比较流行的关系数据库产品包括 MySQL、PostgreSQL、Oracle、Microsoft SQL Server 等。

图 8-1 关系数据库中的数据以表的形式构建

（2）非关系数据库

随着数据的急剧增长，表的数量以及关系的复杂性逐渐变得让人难以接受，管理、维护和操作超大规模的关系数据库变得非常困难，因此产生了非关系数据库，它们不使用固定的表结构，而使用动态的数据结构，这使得它们在处理大量数据和复杂查询时比传统的关系数据库更灵活。常见的非关系数据库产品有 MongoDB、Redis、HBase、Cassandra 等。

8.2.2 云数据库简介

云数据库简介

云数据库，顾名思义，是由公有云平台提供的数据库服务。以华为云为例，华为云平台中提供了多种适合各种场景需求的数据库产品，如图 8-2 所示，这些云数据库包括关系数据库和非关系数据库。

图 8-2 华为云数据库产品

云数据库是一种基于云计算平台的稳定、可靠、能够弹性伸缩、管理便捷的在线云数据库服务，与传统自建数据库相比，它具有明显的优势，如表 8-1 所示。

表 8-1 云数据库与传统自建数据库对比

功能点	云数据库	传统自建数据库
服务可用性	由服务提供商提供保障	需要自行处理机房、网络、主机、软件、配置等一系列配套保障设施
数据可靠性	由服务提供商提供保障	自行搭建与管理
系统安全性	可防分布式拒绝服务攻击、进行流量清洗、及时修复各种数据库安全漏洞	自行部署，价格高昂；自行修复数据库安全漏洞
数据库备份	可自动备份、手动备份	自行实现，但需要寻找备份存放空间以及定期验证备份
基础运维	无须基础运维（如安装机器、部署数据库软件）	需聘请运维工程师进行维护，花费大量人力成本
数据库优化	提供资源报警、性能监控、优化建议、运行报告等数据优化功能	需招聘专职数据库管理员来完成数据库日常维护，花费大量人力成本
部署扩容	即时开通、快速部署、弹性扩容、按需开通	需进行硬件采购、机房托管、部署运维等工作，周期较长
资源使用率	按实际结算，资源使用率高	需考虑峰值，资源使用率较低

华为云的关系数据库服务（Relational Database Service，RDS）提供了单机架构和主备架构。图 8-3 所示为单机架构和主备架构示意。单机架构只有一个数据库节点作为主数据库（主库），价格相对便宜，对于个人学习或者中小企业的开发测试具有较高的性价比。主备架构有多个数据库节点，创建主库时同步创建至少一个备用数据库（备库），主库的数据和备库的数据保持同步。主备架构是一种经典的高可用架构，当主库出现故障时，备库可以立即转换为主库，保证了业务持续正常运行，适用于大中型企业的生产数据库。

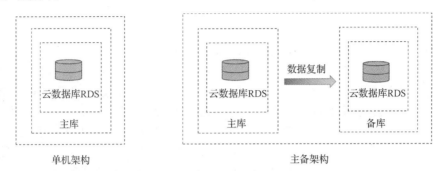

图 8-3　单机架构和主备架构示意

8.2.3　弹性云服务器镜像

镜像是一个包含软件及必要配置的弹性云服务器模板，拥有启动弹性云服务器所需的所有信息。通俗地说，镜像就是弹性云服务器的"装机盘"。

华为云提供的镜像包括以下几种类型。

弹性云服务器镜像

① 公共镜像：由华为云官方提供的镜像，镜像中包含操作系统以及预装的公共应用，公共镜像分为华为云自研镜像和第三方公共镜像两种类型，对所有用户可见。华为云自研镜像包括 HCE OS、EulerOS；第三方公共镜像包括 CentOS、Debian、Ubuntu 等主流操作系统类型，皆由华为云严格测试，能够保证镜像安全、稳定，因此用户可以放心地从公共镜像中选取镜像启动弹性云服务器。华为云的部分公共镜像如图 8-4 所示。

名称/ID	状态	操作系统	镜像类型
Huawei Cloud EulerOS 2.0 Level 3 of MLPS 2.0 64 bit for ARM 29528ca6-4833-471a-98cb-91de23c2a51a	正常	Huawei Cloud EulerOS 2.0 6...	ECS系统盘镜像(ARM)
Huawei Cloud EulerOS 2.0 Level 3 of MLPS 2.0 64 bit 588e5392-635f-419a-b1e0-b5f070292735	正常	Huawei Cloud EulerOS 2.0 6...	ECS系统盘镜像(x86)
Huawei Cloud EulerOS 2.0 64bit with Tesla Driver 470 182.03 and CUDA 11.4 4f5d931e-ce58-416f-97b8-05399a05e325	正常	Huawei Cloud EulerOS 2.0 6...	ECS系统盘镜像(x86)
Huawei Cloud EulerOS 2.0 64bit for GPU ae8d7b8a-0006-4e33-8e47-1b9f578ce4c3	正常	Huawei Cloud EulerOS 2.0 6...	ECS系统盘镜像(x86)
CentOS 8.2 64bit 2316191e-117b-42b1-828c-a9a6e8a64e3a	正常	CentOS 8.2 64bit	ECS系统盘镜像(x86)
CentOS 8.1 64bit 97e695cf-70ba-4682-a1a3-106abf8eeb17	正常	CentOS 8.1 64bit	ECS系统盘镜像(x86)
CentOS 8.0 64bit with ARM 7ed4cd61-acd5-4ffc-921a-fe606b79dfa8	正常	CentOS 8.0 64bit	ECS系统盘镜像(ARM)
CentOS 8.0 64bit 86b60fff-edf9-4ebb-a5ae-545724b0fbb6	正常	CentOS 8.0 64bit	ECS系统盘镜像(x86)

图 8-4　华为云的部分公共镜像

② 私有镜像：由用户自行创建或由外部导入的镜像，仅用户个人可见。私有镜像包括系统盘镜像、数据盘镜像、整机镜像和 ISO 镜像。

系统盘镜像是用户利用弹性云服务器的系统盘制作的镜像，其中包含业务运行所需的操作系统和应用软件，可以用于创建云服务器，并将用户的业务迁移到云上。

数据盘镜像是用户利用弹性云服务器的数据盘制作的镜像，其中包含业务运行的数据，可以用于创建云硬盘，将用户业务数据迁移到云上。

整机镜像是用户利用弹性云服务器的系统盘和数据盘制作的镜像，其中包含业务运行所需的操作系统、应用软件和业务数据。

ISO 镜像是用户将外部镜像的 ISO 文件注册到云平台后的私有镜像。

③ 共享镜像：由其他用户将自己的私有镜像通过镜像"共享"功能分享出来的镜像。因为共享镜像没有经过云平台的测试和安全性检查，所以使用共享镜像时需要确认镜像来源是否值得信赖。

④ 市场镜像：提供了预装操作系统、应用环境和各类软件的优质第三方镜像，这些镜像均由华为云市场和服务提供商审核过，所有用户可以放心地从市场镜像中选取镜像启动弹性云服务器。通过市场镜像，用户无须配置，可一键部署，满足建站、应用开发等个性化需求。图 8-5 所示为华为云的部分市场镜像，用户可以通过镜像的描述、版本、操作系统、服务提供商等选择合适的镜像。

图 8-5　华为云的部分市场镜像

本项目将使用图 8-5 所示的"Discuz X3.4"市场镜像创建弹性云服务器。Discuz 是一个功能强大、易于使用和高度可定制的论坛网站系统，用户可以在没有任何编程基础的情况下，通过简单的安装和设置，搭建一个具备完善功能的网站。

8.3　项目实施

本项目将从华为云市场镜像中选择 Discuz 来创建一台弹性云服务器，然后在华为云中购买云数据库 RDS 实例，在云数据库 RDS 实例中新建 Discuz 所需数据库作为论坛的数据库，以完成云上论坛网站的部署。

8.3.1　项目准备

在项目实施之前，请按照表 8-2 进行准备。

表 8-2　项目准备

类别	名称	要求	来源
网络	互联网	连通互联网	自备
硬件	PC	Windows 操作系统	自备
软件	Chrome 浏览器	—	自备并安装
公有云账号	华为云账号	已注册并通过认证，且自行充值	华为云公网

8.3.2　购买弹性云服务器

1．云服务器的基础配置

第 1 步，选择弹性云服务器的区域、计费模式和可用区。进入华为云控制台以后，展开其界面左侧的【服务列表】，选择【弹性云服务器 ECS】→【购买弹性云服务器】选项，进入【基础配置】界面，如图 8-6 所示，就近选择【区域】，【计费模式】选择【按需计费】选项，【可用区】可任选。

图 8-6　【基础配置】界面：选择弹性云服务器的区域、计费模式和可用区

第 2 步，设置云服务器的 CPU 架构和规格。下移到【实例筛选】界面，如图 8-7 所示，保持选择【规格类型选型】选项卡；【CPU 架构】选择【x86 计算】选项，【规格】选择【通用计算型】→【s6】→【s6.small.1】实例规格。

图 8-7　【基础配置】界面：实例筛选

第 3 步，选择 Discuz 论坛镜像。下移到选择云服务器镜像界面，如图 8-8 所示，【镜像】选择【市场镜像】选项。

图 8-8 【基础配置】界面：选择云服务器镜像

单击【请选择镜像】按钮，弹出【选择市场镜像】对话框。由于华为云中的市场镜像有很多，可以进行搜索操作来查找自己想要的镜像。如图 8-9 所示，在顶部的文本框中输入"Discuz"，单击右侧的搜索 图标，从搜索结果列表中选择【规格:Discuz X3.4】镜像。

 注意　部分市场镜像是要收费使用的，如这里的 Discuz 镜像每小时需要收取 0.3 元的使用费。

图 8-9 【选择市场镜像】对话框

单击【确定】按钮，完成市场镜像选择。回到【基础配置】界面底部，如图 8-10 所示，在【安全防护】选项组中，选中【免费试用一个月主机安全基础防护】单选按钮；【系统盘】选择【通用型 SSD】选项并设置系统盘的容量为"40"GB。在该界面底部可看到除配置费用外，还包括镜像的使用费用。其余保持默认配置，单击【下一步：网络配置】按钮，进入网络配置环节。

图 8-10 【基础配置】界面：选择安全防护与系统盘

2. 云服务器的网络配置

第 1 步，选择弹性云服务器所在的 VPC 和子网。进入【购买弹性云服务器】界面后，如图 8-11 所示，在【网络】对应的两个下拉列表中选取在前面项目中已经创建的"vpc-01（192.168.0.0/16）"选项和"subnet-01（192.168.1.0/24）"选项，即将弹性云服务器创建在"subnet-01"子网中，华为云会为弹性云服务器分配一个该子网网段下的私有 IP 地址。

图 8-11 【购买弹性云服务器】界面：选择 VPC 和子网

第 2 步，选择安全组。将网页下移，如图 8-12 所示，在【安全组】下拉列表中默认已选择安全组"default"，但该安全组的入站规则没有放行使用 HTTP 访问网页所需的 80 端口，因此，需要新建一个安全组。

图 8-12 【购买弹性云服务器】界面：选择安全组

单击【新建安全组】链接，弹出【创建安全组】对话框，如图 8-13 所示，安全组的名称可自定义，本例在【名称】文本框中输入"sg-web"；在【模板】下拉列表中选择【通用 Web 服务器】选项。

图 8-13 【创建安全组】对话框

165

单击【确定】按钮，自动回到图 8-14 所示的界面，此时【安全组】下拉列表中有"default""sg-web"两个安全组。单击安全组"default"后的 ⊗ 图标，删除安全组"default"，只保留"sg-web"安全组。

图 8-14 【购买弹性云服务器】界面：选择安全组

第 3 步，购买弹性公网 IP 地址。将网页下移，进行弹性公网 IP 地址及带宽设置。如图 8-15 所示，在【弹性公网 IP】选项组中选中【现在购买】单选按钮，购买弹性公网 IP 地址后将会为弹性云服务器分配一个弹性公网 IP 地址，使用户可以通过互联网使用该弹性云服务器。

 注意 已购买弹性公网 IP 地址但未绑定云资源时，会收取弹性公网 IP 地址保有费，因此不用时请将弹性公网 IP 地址删除。

图 8-15 【购买弹性云服务器】界面：弹性公网 IP 地址及带宽设置

在【公网带宽】选项组中，可以根据需要进行选择，或者保持默认设置。勾选【释放行为】选项组中的【随实例释放】复选框，以确保在删除弹性云服务器的同时删除弹性公网 IP 地址，使弹性公网 IP 地址不再产生费用。单击【下一步:高级配置】按钮，进入弹性云服务器的高级设置。

3. 云服务器的高级配置

弹性云服务器的网络设置完成后将进入高级配置界面。

如图 8-16 所示，在【云服务器名称】文本框中可自定义云服务器的名称，本例在【云服务器名称】文本框中输入"ecs-discuz"。【登录凭证】选择【密码】选项，表示使用密码登录弹性云服务器。在【密码】文本框中输入符合密码复杂性要求的密码，如"Flzx3qc.456456"，并在【确认密码】文本框中输入相同密码进行确认。

图 8-16 【购买弹性云服务器】界面：高级配置

4. 确认弹性云服务器配置

单击【下一步：确认配置】按钮，进入图 8-17 所示的确认配置信息界面，核对弹性云服务器的基础配置、网络配置、高级配置以及购买数量。

图 8-17 【购买弹性云服务器】界面：确认配置信息

核对无误后，将网页下移，如图 8-18 所示，勾选【协议】选项组底端的复选框，单击【立即购买】按钮，完成弹性云服务器的购买。

图 8-18 【购买弹性云服务器】界面

5. 验证弹性云服务器

弹性云服务器创建完成后将返回弹性云服务器列表，如图 8-19 所示，可看到创建好的弹性云服务器。

图 8-19 【弹性云服务器】界面：弹性云服务器列表

在【IP 地址】列中，可以看到 VPC 为论坛云服务器分配了一个其子网网段下的私有 IP 地址"192.168.1.226"，并分配了一个弹性公网 IP 地址"140.210.196.207"。

单击【IP 地址】列中的弹性公网 IP 地址后的 图标，复制弹性公网 IP 地址。打开网页浏览器，将 IP 地址粘贴到网页浏览器的地址栏中，按【Enter】键后将自动打开图 8-20 所示的论坛网站的安装向导，说明该论坛云服务器创建成功。

图 8-20 论坛网站的安装向导

8.3.3 购买云数据库

购买云数据库

Discuz 论坛云服务器需要一个 MySQL 数据库提供数据存储支持，本项目采用华为云提供的云数据库来达成其对数据库的要求，所以要在华为云中购买一个云数据库。

第 1 步，进入【云数据库 RDS】控制台界面。展开华为云控制台界面左侧的【服务列表】，选择【云数据库 RDS】选项，进入图 8-21 所示的【云数据库 RDS-实例管理】界面。

图 8-21 【云数据库 RDS-实例管理】界面

第 2 步，设置云数据库实例的计费模式和区域。单击【云数据库 RDS-实例管理】界面右上角的【购买数据库实例】按钮，进入【购买数据库实例】界面。如图 8-22 所示，在【计费模式】选项组中选择【按需计费】选项，在【区域】下拉列表中选择和论坛云服务器相同的区域，如本例中的"西南 – 贵阳一"。

图 8-22 【购买数据库实例】界面：设置云数据库实例的计费模式和区域

第 3 步，设置云数据库实例的名称、引擎、版本、规格等信息。将网页下移，继续配置云数据库。

如图 8-23 所示，云数据库实例的名称可自定义，本例在【实例名称】文本框中输入"rds-discuz"；【数据库引擎】默认为【MySQL】；在【数据库版本】选项组中选择【5.7】选项；在【实例类型】选项组中选择【单机】选项；其余选项保持默认设置。

图 8-23 【购买数据库实例】界面：设置云数据库实例的信息

将网页下移，选择云数据库实例的性能规格。如图 8-24 所示，在【性能规格】选项组中，选择【通用型】选项，并在其下规格列表中选中【2 vCPUs|4 GB】单选按钮。

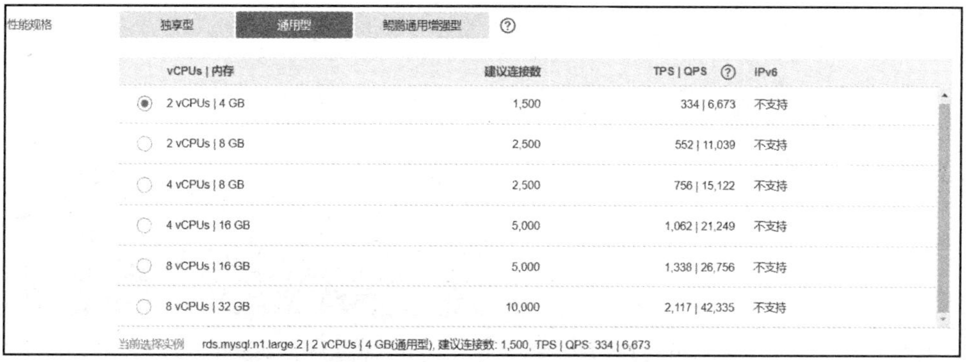

图 8-24 【购买数据库实例】界面：选择云数据库实例的性能规格

第 4 步，设置云数据库实例的 VPC、端口、安全组和密码。

注意 云数据库服务器和论坛云服务器应处于同一个 VPC 中，因为同一 VPC 中的服务器之间默认内网互通。

　　首先，将网页下移到云数据库实例网络设置界面。如图 8-25 所示，在【虚拟私有云】VPC 下拉列表中选择和论坛云服务器相同的"vpc-01"虚拟私有云；在子网下拉列表中选择任意一个子网，本例中选择"subnet-01（192.168.10/24）"子网，云数据库实例将会被分配一个该子网网段的私有 IP 地址；【数据库端口】保持默认的"3306"端口；在【安全组】下拉列表中选择之前项目创建的"sg-web"安全组，即本项目中论坛数据库和论坛云服务器都绑定了"sg-web"安全组。

图 8-25 【购买数据库实例】界面：云数据库实例网络设置

注意 通常情况下，当实例属于同一个 VPC 并绑定了同一个安全组时，默认网络互通。

　　其次，将网页下移到云数据库实例密码设置界面。在【设置密码】选项组中选择【现在设置】选项，在【管理员密码】文本框中输入符合复杂性要求的密码，在【确认密码】文本框中重新输入密码进行确认，本例将密码设置为"Flzx3qc="，如图 8-26 所示。

注意 请记住该密码，该密码在部署论坛网站时将会被使用到。

图 8-26 【购买数据库实例】界面：云数据库实例密码设置

　　最后，将网页下移，如图 8-27 所示，【标签】选项组中保持为空，并保持【购买数量】为"1"，单击该界面右下角的【立即购买】按钮，提交购买请求。

图 8-27 【购买数据库实例】界面：设置数据库实例完毕并进行购买

进入图 8-28 所示的云数据库购买详情界面。确认无误后，单击【提交】按钮，完成数据库的购买。

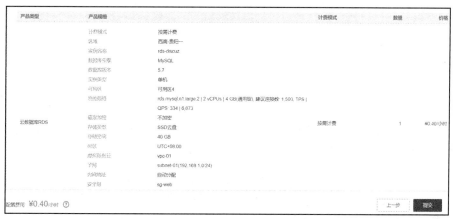

图 8-28 云数据库购买详情界面

购买请求提交以后，在【云数据库 RDS-实例管理】界面中可以查看云数据库实例，如图 8-29 所示，刚购买的云数据库运行状态由"创建中"变更为"正常"通常需要几分钟的时间。

图 8-29 【云数据库 RDS-实例管理】界面

8.3.4 部署云上论坛网站

当弹性云服务器实例和云数据库实例都购买成功后，接下来用两个实例来部署 Discuz 论坛。

1. 为论坛网站创建数据库

第 1 步，查看云数据库实例的内网 IP 地址。刷新【云数据库 RDS-实例管理】界面，可以查看云数据库实例的内网地址，如本例为"192.168.1.74"，如图 8-30 所示。

部署云上论坛网站

图 8-30　查看云数据库实例的内网地址

第 2 步，登录云数据库实例。选择刚创建的云数据库实例，如本例为"rds-discuz"实例，单击【操作】列中的【登录】链接，弹出【实例登录】对话框。

如图 8-31 所示，【登录用户名】文本框默认已输入"root"，这里保持不变。在【密码】文本框中输入购买数据库时设置的管理员密码，如本例为"Flzx3qc="。勾选【记住密码 同意 DAS 使用加密方式记住密码】复选框，单击【测试连接】按钮，进行连接测试。通过连接测试后，将显示"连接成功"信息，如图 8-32 所示。

图 8-31　【实例登录】对话框

图 8-32　【实例登录】对话框："连接成功"信息

测试连接成功后，单击【登录】按钮，登录数据库。

第 3 步，为论坛创建数据库。登录云数据库实例成功后进入图 8-33 所示的数据库管理界面。

单击【新建数据库】按钮，弹出【新建数据库】对话框。数据库名称可自定义，本例中在【数据库名称】文本框中输入"discuz",如图 8-34 所示,单击【确定】按钮完成操作。

图 8-33　数据库管理界面　　　　　　　　图 8-34　【新建数据库】对话框

至此,用于部署论坛网站的数据库"discuz"创建完成,此时将出现图 8-35 所示的数据库列表。

图 8-35　数据库管理界面:数据库列表

2. 安装 Discuz 论坛服务

在浏览器上通过弹性云服务器公网地址访问,回到图 8-20 所示的论坛网站的安装向导界面。单击安装向导下方的【我同意】按钮接受软件协议。此时,由于 Discuz 版本问题,可能会弹出图 8-36 所示的版本提示对话框,单击【取消】按钮,即可开始继续安装 Discuz 论坛网站了。

图 8-36　论坛网站的安装向导:版本提示对话框

Discuz 论坛网站的安装过程有"检查安装环境""设置运行环境""创建数据库""安装数据库"这 4 个环节。

第 1 步,检查安装环境。开始安装以后,如图 8-37 所示,安装程序会对安装环境进行逐一检查,这一过程由系统自动完成,无须人为干预,只需等待即可。每完成一项检查,系统用√或者×符号来标识是否通过了检查。图 8-37 和图 8-38 所示的每一项检查都对应绿色的√符号,这表示安装环境没有问题。

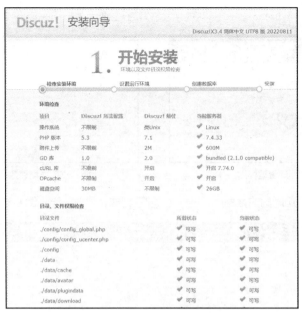

图 8-37　Discuz 安装向导：检查安装环境（1）

将网页下移到图 8-38 所示的界面底端，单击【下一步】按钮，开始设置运行环境。

图 8-38　Discuz 安装向导：检查安装环境（2）

第 2 步，设置运行环境。在图 8-39 所示的界面中选择是否全新安装 Discuz 论坛，保持默认选项，即全新安装 Discuz 论坛，单击【下一步】按钮，进入下一个安装环节。

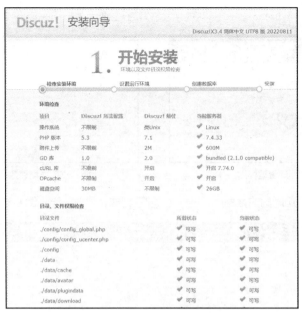

图 8-39　Discuz 安装向导：设置运行环境

第 3 步，创建数据库。在创建数据库时需要配置 Discuz 论坛使用哪个数据库，并将该数据库的用户名和密码告诉 Discuz 安装程序。

如图 8-40 所示，首先填写数据库信息，在【数据库服务器地址】文本框中填写已有云数据库实例的内网 IP 地址，如本例为"rds-discuz"实例的内网 IP 地址"192.168.1.74"；在【数据库名】文本框中输入已有的数据库名，如本例为"discuz"；【数据库用户名】文本框已默认填写为管理员"root"，保持其不变；在【数据库密码】文本框中填写云数据库实例的管理员用户密码，如本例为"Flzx3qc="；在【系统信箱 Email】文本框中可以填写读者自己的邮箱地址，以接收程序错误报告。其余数据库信息保持默认设置不变。

图 8-40　Discuz 安装向导：创建数据库

其次填写管理员信息。在【管理员账号】文本框中输入 Discuz 论坛的管理员账号，如本例为"admin"；在【管理员密码】文本框中输入论坛网站的管理员"admin"的密码，如本例为"00000000"；在【重复密码】文本框中再次输入密码进行确认；【管理员 Email】可以设置为读者自己的邮箱地址，以便于密码找回等操作。

最后，单击【下一步】按钮，进入下一个安装环节，即执行数据库安装环节。

第 4 步，安装数据库。此时将在云数据库中创建相应的数据表，并将刚填写的数据库与管理员信息记录到网站配置文件及数据库中，如图 8-41 所示。整个过程由系统自动完成，无须人工干预。

图 8-41　Discuz 安装向导：安装数据库

Discuz 论坛成功安装后，将弹出图 8-42 所示的安装完成对话框。

图 8-42 Discuz 安装向导：安装完成对话框

8.3.5 使用云上论坛网站

本项目将体验刚搭建好的云上论坛网站，完成包括注册论坛用户以及用户发帖等操作。

1. 注册论坛用户

在 Discuz 安装完成后，可以单击图 8-42 所示对话框中的【您的论坛已完成安装，点此访问】按钮，或者使用论坛云服务器的公网 IP 地址访问论坛。图 8-43 所示为未登录前的 Discuz 论坛首页。目前论坛网站中只有管理员"admin"一个用户，接下来为论坛增加普通用户。单击 Discuz 论坛首页右上角的【立即注册】链接，注册新的论坛用户。

使用云上论坛网站

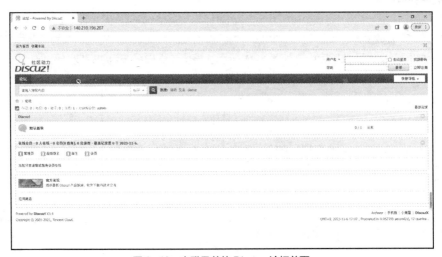

图 8-43 未登录前的 Discuz 论坛首页

进入用户注册界面，首先可自定义新用户的用户名及密码并确认密码，其次在【Email】文本框中输入新用户的电子邮箱地址，并根据图示在【验证码】文本框中输入验证码，完成输入的用户注册界面如图 8-44 所示，最后单击【提交】按钮，提交注册请求。

图 8-44　完成输入的用户注册界面

注册完成后，进入以新用户登录的论坛首页，如图 8-45 所示。

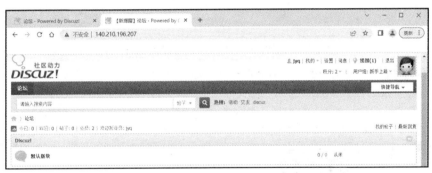

图 8-45　以新用户登录的论坛首页

2. 用户发帖

首先，单击图 8-45 所示论坛首页中的【我的帖子】链接，进入图 8-46 所示的【我的帖子】界面，目前还没有帖子，接下来以该用户的身份发表一个论坛帖子。

图 8-46　论坛首页：【我的帖子】界面

单击【发帖】按钮，进入图 8-47 所示的【论坛导航】界面，选择发帖的版块，如本例先选择【Discuz!】版块列表中的【默认版块】选项，再单击【发新帖】按钮。

图 8-47 【论坛导航】界面

其次，进入论坛【发表帖子】界面，在该界面的两个文本框中可以分别输入帖子的标题和内容（内容可以设置字体及附加图像，请读者自行尝试），输入示例如图 8-48 所示。

图 8-48 【发表帖子】界面：输入标题和内容的示例

最后，将界面下移，在【验证码】文本框中输入界面中提示的验证码，输入示例如图 8-49 所示。

图 8-49 【发表帖子】界面：输入验证码的示例

输入正确的验证码后，如图 8-50 所示，单击【发表帖子】按钮，完成帖子的发表。

图 8-50 【发表帖子】子界面：完成帖子的发表

操作完毕后，用户的第一个帖子就发表成功了，如图 8-51 所示。

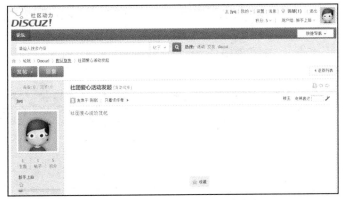

图 8-51　用户的第一个帖子发表成功

读者还可以继续尝试使用论坛网站中的其他功能。

 注意　在完成论坛网站的部署练习后，需要将弹性云服务器、弹性公网 IP 地址、云数据库 RDS 资源删除或销毁，以免产生不必要的费用。

8.3.6　管理论坛云数据库

云上业务运维的一个重要任务是管理云数据库，包括查看和管理云数据库中的内容、通过查看监控指标监管云数据库运行情况和删除云数据库等。本项目将完成这些操作。

管理论坛云数据库

1. 查看和管理云数据库中的内容

选择华为云控制台界面左侧的【服务列表】→【云数据库 RDS】选项，可看到图 8-52 所示的云数据库 RDS 实例列表，本例中使用的"rds-discuz"数据库的运行状态为"正常"。

图 8-52　云数据库 RDS 实例列表

单击该数据库对应的【登录】链接，进入图 8-53 所示的云数据库实例管理首页。

图 8-53　云数据库实例管理首页

单击【数据库列表】中要管理的数据库名，如本例中的"discuz"，进入图 8-54 所示的【库管理-discuz】界面。

在【库管理-discuz】界面中选择【对象列表】选项卡，在左侧列表中可以查看和管理数据库的表、视图、存储过程等，如本例在【表】中可以看到论坛网站所用到的"discuz"数据库中已经存在很多数据表，这些表及其中的数据是安装和使用 Discuz 论坛网站时生成的。列表右侧有相应的【操作】列可以对表及表数据进行管理。

图 8-54　【库管理-discuz】界面

2. 通过查看监控指标监管云数据库运行情况

华为云平台可以对云数据库的日常运行状态进行监控。在图 8-55 所示的云数据库实例管理界面中，单击【操作】列中的【查看监控指标】链接。

图 8-55　云数据库实例管理界面

进入图 8-56 所示的云数据库实例监控指标概览界面，在其中可以直观地通过图表查看云数据库实例的各项监控指标，如本例数据库实例为"rds-discuz"，其监控指标包括 CPU 使用率、内存使用率、数据库总连接数等。

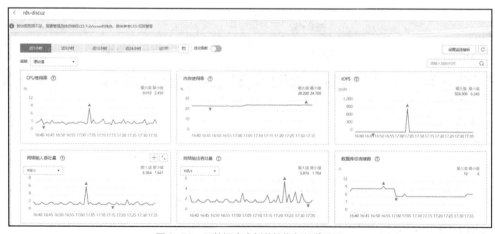

图 8-56　云数据库实例监控指标概览界面

3. 删除云数据库

云数据库是收费使用的，所以不使用时需要删除。在云数据库实例管理界面中，选择要删除的数据库对应【操作】列中的【更多】→【删除实例】选项，如图 8-57 所示。

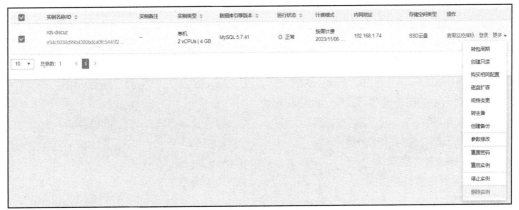

图 8-57　删除云数据库实例

弹出图 8-58 所示的【删除实例】对话框，确认是否要删除数据库实例，单击【是】按钮，完成删除操作。

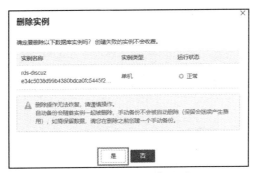

图 8-58　【删除实例】对话框

8.4　项目小结

云数据库是一种基于云计算平台的稳定可靠、能够弹性伸缩、管理便捷的在线数据库服务。公有云平台提供了关系数据库、非关系数据库以满足各种场景的需求。市场镜像是提供了预装操作系统、应用环境和各类软件的优质第三方镜像，相较于从头开始配置和部署服务器，使用市场镜像可以节省大量的时间和精力，用户可以直接使用市场镜像完成应用的一键部署。

项目小结

在项目实施环节，以华为云平台为例带领读者实践了以市场镜像中的 Discuz 启动弹性云服务器，并结合云数据库 RDS 实例完成了论坛网站部署。通过将论坛网站部署在云端，读者能够较为深刻地体验公有云平台中市场镜像以及云数据库的功能和基本应用。同时，读者可以从中理解到，通过上云，企业可避免前期的一次性巨额资金投入，只需为使用的云资源或服务按需付费，降低了购买硬件、软件的成本。

8.5 项目练习题

1. 选择题

（1）下列属于关系数据库的是（　　　）。

    A．MySQL　　　　　　B．Redis　　　　　　C．MongoDB　　　　　D．CouchDB

（2）下列属于非关系数据库的是（　　　）。

    A．MySQL　　　　　　B．PostgreSQL　　　　C．Oracle　　　　　　D．MongoDB

（3）公有云中的市场镜像可以快速创建和部署（　　　）。

    A．虚拟机　　　　　　B．数据库　　　　　　C．弹性云服务器　　　D．网络存储

（4）公有云市场镜像的优势是（　　　）。

    A．能够快速部署　　　　　　　　　　　　B．节省时间和精力

    C．具有开放性和便捷性　　　　　　　　　D．以上都是

2. 填空题

（1）一个关系数据库是由_____及其之间的联系所组成的一个数据组织。

（2）华为云中的弹性云服务器的镜像类型包含私有镜像、_____、_____和_____这4类。

（3）私有镜像对_____可见。

（4）华为云的_____镜像中包含 HCE OS、EulerOS 自研镜像和 CentOS、Debian、Ubuntu 等主流操作系统镜像。

（5）云数据库的计费模式包括_____和_____。

3. 实训题

在"华北 – 北京四"区域中购买一个云数据库 RDS 并登录该数据库。

项目 9

构建高可用云应用

09

学习目标

【知识目标】

（1）了解弹性负载均衡的作用。

（2）了解弹性伸缩的作用。

（3）了解弹性负载均衡的使用场景。

（4）了解弹性伸缩的使用场景。

【技能目标】

（1）能够制作并使用自定义的私有镜像。

（2）能够在公有云中使用弹性负载均衡。

（3）能够在公有云中使用弹性伸缩。

【素养目标】

（1）培养勤俭节约的传统美德。

（2）培养严谨细致的做事态度。

引例描述

这个世界总会有很多突发状况，如台风、洪涝、山火、地震等。人们常说："我们并没有生活在和平的时代，而是生活在和平的国家。"我们被军民同心、众志成城抵抗天灾的各种英雄事迹感动的同时，不禁要思考一个问题："如果云端服务器出现故障甚至数据中心被毁掉了，如何保证数据安全和服务的正常运行？"

学习目标

引例描述

另外，社团论坛网站运行一段时间后，小王通过云服务器的监控指标发现CPU使用率在每天的不同时间段存在较大差异，网站访问量存在较大波动，例如，白天的访问量较大，深夜的访问量较小。同时，当遇到一些社团活动，网站的访问量突然增加时，会由于用户对资源的竞争导致服务长时间没有响应，影响用户的使用体验。如果在建设网站之初就按照访问峰值来设置云服务器的数量，则不仅会增加云服务器的购买成本，还会造成资源的浪费，有没有一种可以使云服务器的数量按照负载自动增加和减少的方法呢？

9.1 项目陈述

传统 Web 应用部署在单台服务器上，一旦该服务器出现故障，整个应用将无法使用，如果要扩展服务器和存储设备，则需要运维人员手动操作，不仅耗时且容

项目陈述

易出错，还可能会对业务造成严重影响。为了达到保证服务稳定性的同时尽可能地节约运营成本的目的，可以构建一个多服务器架构同时对外提供服务，该架构能够合理分配每台服务器的负载，并且能够根据用户访问量的不同自动增加或减少架构中服务器的数量。

本项目将使用公有云平台提供的负载均衡和弹性伸缩服务，来搭建一个高可用弹性架构的论坛网站。当业务访问负载过大时，一台云服务器无法满足访问需求，可通过负载均衡使多台云服务器一起分担访问量；当一台云服务器出现故障时，负载均衡又可以使另一台服务器即时接管它的工作；通过弹性伸缩服务能自动、合理地增加和减少云服务器的数量，以适配云业务要求。

9.2　必备知识

保持云上业务长期无故障工作，并规避一些突发情况造成的业务中断是云上业务运维的一个重要工作。弹性负载均衡和弹性伸缩是实现高可用弹性架构的关键，本节将学习云计算技术中的 3 个重要概念：高应用、弹性负载均衡和弹性伸缩。

9.2.1　高可用

高可用（High Availability，HA）是指系统无中断地执行其功能的能力，代表系统的可用性程度。高可用主要是保障"业务的连续性"，即在用户眼里，业务永远是正常对外提供服务的。高可用架构设计的核心思想是冗余和自动故障转移。冗余是指当某个组件出现故障时，集群中的其他机器可以随时顶替该组件。自动故障转移是指系统在出现故障时，能够自动将业务切换到备用系统，以保证业务的连续性。图 9-1 所示为高可用架构示意，用户的访问通过数据分发到各个不同区域（不

高可用

同的区域意味着服务器通常不在同一个地区甚至可能不在同一个国家）的服务器集群，而每个集群都能提供相同的服务，不管哪个区域中的服务器集群或者集群中的哪台服务器发生故障，均可以无缝切换到其他服务器或其他集群去完成工作，这样的系统对于用户来说就是一个永不发生故障的系统，这样的架构就是高可用架构。

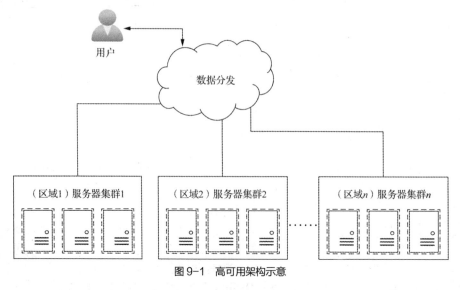

图 9-1　高可用架构示意

业界一般用"几个 9"来衡量系统的可用性。假设系统一直能够提供服务，那么系统的可用性是

100%。如果系统每运行 100 个时间单位，会有 1 个时间单位无法提供服务，那么该系统的可用性就是 99%。例如，很多公司的高可用目标是 4 个 9，即系统的可用性是 99.99%，这就意味着，允许系统的年停机时间约为 0.876 小时。

9.2.2 弹性负载均衡

1. 什么是负载均衡

负载均衡（Load Balance，LB）是一种将工作负载（如网络流量、数据请求、计算任务等）分配到多个计算资源（如服务器、虚拟机、容器等）的技术，使用该技术可以优化性能、提高可靠性和可扩展性。

弹性负载均衡

2. 什么是弹性负载均衡

弹性负载均衡（Elastic Load Balance，ELB）是一种公有云中常见的负载均衡服务。弹性负载均衡主要用于为多台云主机自动分配网络流量，它可以根据实时网络流量情况将访问流量依据转发策略分发到多台云主机。当某台云主机发生故障时，弹性负载均衡会自动将流量转移到其他正常运行的云主机上，达到消除单点故障，提升应用系统的可用性和容错性的目的。

3. 弹性负载均衡的使用场景

（1）流量分发

流量分发可以将后端多台服务器资源虚拟成一个高性能、高可用的应用服务器池，通过给弹性负载均衡设置相应的分配策略，可将业务流量自动分发给这个应用服务器池中的每一台服务器。

图 9-2 所示为弹性负载均衡实现流量分发的示意。用户会通过网络访问到弹性负载均衡，弹性负载均衡会将访问流量分发到后端的多台弹性云服务器中进行处理。在对可靠性（系统长时间无故障运行）和容灾（系统在发生火灾、地震等意外时可以继续正常工作）有很高要求的业务场景中，可将弹性云服务器部署在不同的区域或可用区中，然后利用弹性负载均衡对流量进行跨区域/可用区分发。如图 9-2 所示，当某个可用区网络出现故障时，弹性负载均衡仍可将流量转发到其他可用区的后端弹性云服务器进行处理。跨区域/可用区流量分发通常用于银行业务、警务业务、大型应用系统等对可用性要求极高的场景。

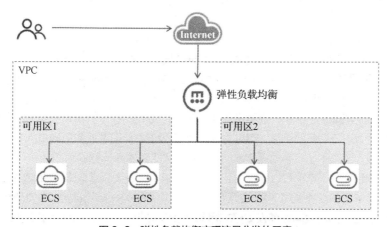

图 9-2 弹性负载均衡实现流量分发的示意

（2）消除单点故障

在计费业务、Web 业务等对可靠性有较高要求的业务场景中，当某台或某几台后端服务器不可用时，负载均衡器会通过健康检查及时发现并屏蔽有故障的服务器，并将流量转发到其他正常运行的后端服务器，以确保业务不中断。如图 9-3 所示，当某台弹性云服务器出现故障后，弹性负载均衡将立即把该弹性云服务器从服务器池中剔除，同时将流量切换到其他正常运行的弹性云服务器中，这个过程对于用户来说是完全无感的，且不会造成服务的中断。

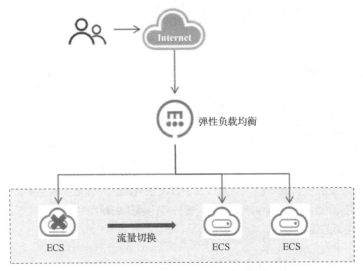

图 9-3　弹性负载均衡消除单点故障的示意

9.2.3　弹性伸缩

1. 什么是弹性伸缩

弹性伸缩（Auto Scaling，AS）是根据用户的业务需求，通过设置伸缩规则来自动增加/缩减计算资源，确保用户拥有适量的计算资源来处理应用程序负载的技术。当 Web 应用程序的流量增长时，弹性伸缩可以自动增加云服务器资源，以保证业务服务能力；当 Web 应用程序的流量减少时，弹性伸缩可以自动缩减云服务器资源，以节约使用成本。

弹性伸缩

2. 弹性伸缩的优势

由于业务访问负载量存在波动，因此传统集群维护模式存在以下 3 方面的问题：一是当业务访问量突增而 IT 资源不足时，用户访问无法得到即时响应，影响用户使用体验；二是若按业务负载峰值提前部署 IT 资源，而日常访问量很少达到峰值，则会由于 IT 资源的闲置而造成浪费；三是依赖人工守护监控并手动调整资源规格和数量，需要投入更多的人力成本。图 9-4 所示为传统集群维护模式下 IT 资源随着业务负载量进行调整的示意，可以看出，IT 资源量不能随着业务负载量的变化而即时变化，从而造成资源浪费、资源不足、手动操作增加进而提高人工成本等问题。

而通过使用弹性伸缩，集群可以保留恰到好处的资源量，最大限度地降低 IT 资源成本。图 9-5 所示为使用弹性伸缩的集群维护模式下 IT 资源变化的示意，从图 9-5 中可以看到 IT 资源量是随着业务负载量的变化而变化的。用户只需提前设置好扩容条件及缩容条件，在业务负载量增加时，弹性伸缩会在达到扩容条件时自动增加服务器数量以维护性能；在业务负载量下降时，弹性伸缩会在达到缩容条件时自动减少服务器数量以节约成本。

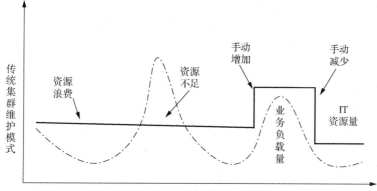

图 9-4 传统集群维护模式下 IT 资源随着业务负载量进行调整的示意

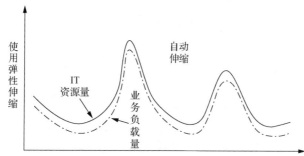

图 9-5 使用弹性伸缩的集群维护模式下 IT 资源变化的示意

3. 弹性伸缩的使用场景

弹性伸缩的使用场景非常广泛，以下是一些常见的使用场景。

① 电商网站：在某些特定的活动时间，如"双十一"等，线上购物类网站的用户数量会暴增，这会给服务器带来非常大的压力。通过弹性伸缩，可以动态增加或减少服务器实例，以应对用户数量波动的情况，确保网站的高可用性和稳定性。

② 视频直播类网站：这类网站通常需要处理大量的实时数据流，对于服务器的要求非常高。通过弹性伸缩，可以根据实际负载情况动态调整服务器实例的数量，以应对用户访问量突然剧增或剧减的情况，提高网站的响应速度和稳定性。

③ 游戏类网站：这类网站在特定时间段，如节假日期间，用户访问量会增加。通过弹性伸缩，可以提前设置好伸缩策略，自动增加服务器实例，以应对用户数量增加的情况，为用户提供更好的游戏体验。

④ 其他各类存在用户量增加或减少情况的网站：除了上述应用场景外，弹性伸缩还广泛应用于其他各类存在用户量增加或减少情况的网站，如新闻类网站、社交类网站等。这些网站在特定时间段内用户数量会有较大的波动，弹性伸缩可以保障网站的稳定性，同时是节约资源的一种有效方式。

总之，弹性伸缩服务能够根据实际需求动态调整计算资源，满足不同场景下的需求。

9.2.4 高可用弹性架构

高可用弹性架构

弹性负载均衡和弹性伸缩的区别在于，弹性负载均衡是自动分发流量到多台云服务器，扩展应用系统对外的服务能力，实现更高水平的应用容错性能，而弹性伸缩可以帮助用户根据应用程序的负载或流量自动增加或减少实例数量，从而提高应用程序的可靠性和性能，同时降低人力成本和减少资源浪费。

　　在实际应用中，通常将弹性负载均衡和弹性伸缩结合在一起构建高可用弹性架构。每年电商行业的"双十一""618"等大促活动举办时，对 Web 服务器的访问量可能瞬间陡增 10 倍，而且这种访问量不是长期持续的，可能只持续短暂的数小时。该场景下可使用弹性负载均衡和弹性伸缩结合的高可用弹性架构，如图 9-6 所示，访问流量将通过弹性负载均衡自动分发到弹性伸缩组内的所有实例上，在需求高峰时，根据弹性伸缩策略自动增加弹性云服务器实例数量，以保证性能不受影响；当需求减少时，根据弹性伸缩策略自动减少弹性云服务器实例数量，以降低资源使用成本。

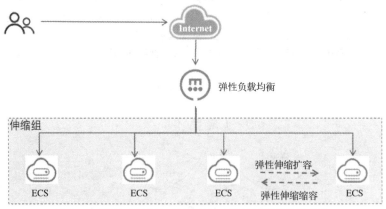

图 9-6　弹性负载均衡和弹性伸缩结合的高可用弹性架构示意

9.3　项目实施

　　本项目将项目 8 中论坛服务器系统制作为一个镜像，然后利用华为云平台中的负载均衡和弹性伸缩功能，将论坛应用改造成弹性负载均衡和弹性伸缩结合的高可用弹性架构。

9.3.1　项目准备

　　本项目在项目 8 的基础上实现论坛的高可用弹性架构。在项目实施之前，请按照表 9-1 进行准备。

表 9-1　项目准备

类别	名称	要求	来源
网络	互联网	连通互联网	自备
硬件	PC	Windows 操作系统	自备
软件	Chrome 浏览器		自备并安装
公有云账号	华为云账号	已注册并通过认证，且自行充值	华为云

9.3.2　配置弹性负载均衡

1. 购买弹性负载均衡

　　第 1 步，进入【购买弹性负载均衡】界面。首先，登录华为云控制台后，在

配置弹性负载均衡

其界面左侧展开图 9-7 所示的服务列表，选择【弹性负载均衡 ELB】选项，进入图 9-8 所示的弹性负载均衡创建流程引导界面。

图 9-7　服务列表

图 9-8　弹性负载均衡创建流程引导界面

单击该界面右上角的【购买弹性负载均衡】按钮，进入图 9-9 所示的【购买弹性负载均衡】界面。

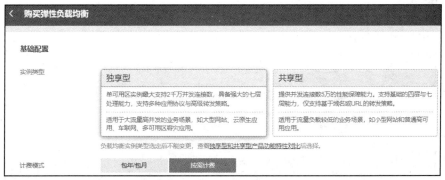

图 9-9　【购买弹性负载均衡】界面

第 2 步，完成弹性负载均衡基础配置。对要购买的弹性负载均衡进行基础配置。弹性负载均衡的基础配置包括设置实例类型、计费模式、区域和名称等。

本例在【购买弹性负载均衡】界面中设置【实例类型】为【共享型】；【计费模式】为【按需计费】；在【区域】下拉列表中选择离用户近的区域，如这里选择【西南 – 贵阳一】选项；在【名称】文本框中可输入自定义名称，如本例中输入"elb-discuz"，如图 9-10 所示。

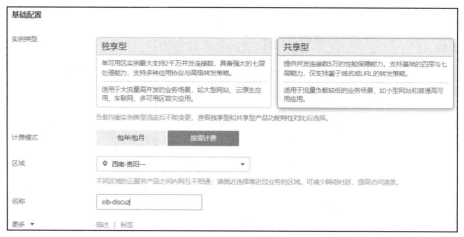

图 9-10 【购买弹性负载均衡】界面：基础配置

第 3 步，完成弹性负载均衡网络配置。弹性负载均衡的网络配置包括设置负载均衡所属的 VPC 和子网 IP 地址、弹性公网 IP 地址、带宽等。

在基础配置完成后，将界面下移即可进入网络配置界面。

在【所属 VPC】下拉列表中选择【vpc-01】选项；在【前端子网】下拉列表中可自定义选择，本例中选择【subnet-01（192.168.1.0/24）】选项；在【带宽】选项组中选择【1】选项，即表示带宽为"1Mbit/s"，其余保持默认配置，如图 9-11 所示。

图 9-11 【购买弹性负载均衡】界面：网络配置

最后单击该界面右下角的【立即购买】按钮，进入图 9-12 所示的购买详情确认界面，确认相关信息无误后，单击【提交】按钮。

图 9-12 【购买弹性负载均衡】界面：购买详情确认

提交后回到图 9-13 所示的【弹性负载均衡】界面，从该界面的实例列表中可以看到创建的负载均衡实例状态，如本例"elb-discuz"的状态为"运行中"。

图 9-13 【弹性负载均衡】界面：实例列表

2. 添加监听器

接下来为弹性负载均衡添加监听器。监听器负责监听客户端的连接请求，根据配置的流量分配策略，分发流量到后端弹性云服务器进行处理。

第 1 步，配置监听器。单击图 9-13 所示界面中【操作】列中的【添加监听器】链接，进入【添加监听器】的配置监听器界面，在该界面中可以设置监听器的名称、监听的前端协议和端口等。

【名称】可自定义，本例在【名称】文本框中输入"listener-discuz"；【前端协议】选项组中存在 4 个选项，本例中选择【HTTP】选项；其余保持默认配置，如图 9-14 所示。

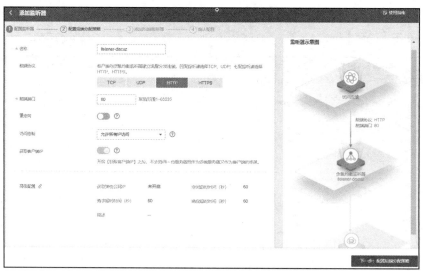

图 9-14 【添加监听器】界面：配置监听器

第 2 步，配置后端分配策略。单击【下一步：配置后端分配策略】按钮，进入配置后端分配策略界面。

如图 9-15 所示，在【后端服务器组】选项组中选中【新创建】单选按钮；后端服务器组的名称可自定义，本例在【名称】文本框中输入"server_group-discuz"；在【后端协议】下拉列表中选择【HTTP】选项；在【分配策略类型】选项组中选择【加权轮询算法】选项。

图 9-15 【添加监听器】界面：配置后端分配策略

> **注意** 加权轮询算法是一种负载均衡的实现方式。它用权重表示服务器的处理性能，权重大的服务器被分配流量的概率更大。

第 3 步,添加后端服务器。单击【下一步:添加后端云服务器】按钮,进入图 9-16 所示的添加后端服务器界面,这里不用添加新的云服务器,后续将在创建弹性伸缩时进行云服务器的创建。

图 9-16 【添加监听器】界面:添加后端服务器

第 4 步,确认配置。单击【下一步:确认配置】按钮,进入图 9-17 所示的确认配置界面。

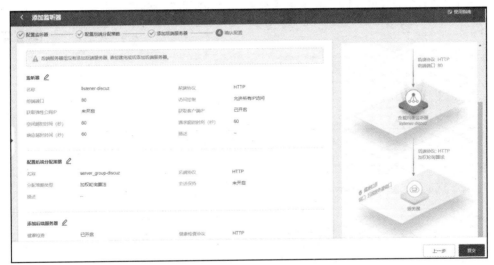

图 9-17 【添加监听器】界面:确认配置

确认相关信息无误后,单击【提交】按钮,进入图 9-18 所示的【配置监听器成功】界面。

图 9-18 【配置监听器成功】界面

单击【返回列表】按钮，完成监听器的添加。

9.3.3　制作私有镜像

制作私有镜像

由于弹性伸缩需要以一台云服务器中所有的软件（包括操作系统）为模板来自动为新的云服务器安装软件，因此需要先创建这个模板，而这个模板就是一个自定义的私有镜像。本项目把项目 8 中的论坛服务器中的所有软件打包为一个自定义的私有镜像，以后该镜像将会被批量部署到云服务器中。

首先，在华为云控制台界面左侧展开图 9-19 所示的服务列表。

图 9-19　服务列表

选择【弹性云服务器 ECS】选项，可看到图 9-20 所示的弹性云服务器列表。

图 9-20　弹性云服务器列表

在需要操作的云服务器实例（本例为“ecs-discuz”）的【操作】列中，选择【更多】→【镜像】→【创建镜像】选项，如图 9-21 所示。

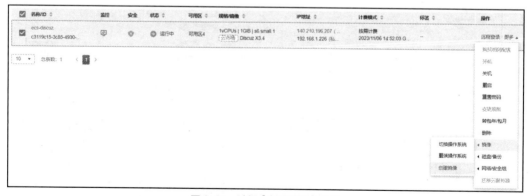

图 9-21　选择【创建镜像】选项

其次，进入【创建私有镜像】的镜像类型和来源界面。如图 9-22 所示，在【区域】下拉列表中选择【西南 - 贵阳一】选项；在【创建方式】选项组中选择【创建私有镜像】选项；在【镜像类型】选项组中选择【系统盘镜像】选项；在【选择镜像源】选项组中选择【云服务器】选项，再在【云服务器】列表中选中要创建的镜像，如本例为"ecs-discuz"。

图 9-22 【创建私有镜像】界面：镜像类型和来源

下移到配置信息界面，设置私有镜像的名称和描述等配置信息。私有镜像的名称和描述可自定义，如图 9-23 所示，本例中在【名称】文本框中输入"discuz01"，在【描述】文本框中输入"discuz论坛"，勾选【协议】选项组中的【我已经阅读并同意《镜像制作承诺书》和《镜像免责声明》】复选框。

图 9-23 【创建私有镜像】界面：配置信息

最后，单击图 9-23 所示界面中的【立即创建】按钮，进入图 9-24 所示的资源详情界面，确认相关信息无误后，单击【提交】按钮，完成私有镜像的创建。

图 9-24 【创建私有镜像】界面：资源详情

私有镜像创建操作完成后将回到图 9-25 所示的【私有镜像】界面。由于创建私有镜像需要几分钟的时间，因此此时创建的私有镜像的状态为"创建中"。

图 9-25 【私有镜像】界面：私有镜像的状态为"创建中"

私有镜像创建完成后，如图 9-26 所示，此时私有镜像的状态为"正常"，这表示该私有镜像可以正常使用了。

图 9-26 【私有镜像】界面：私有镜像的状态为"正常"

9.3.4 创建弹性伸缩组

弹性伸缩还需要制定一个新增加云服务器的硬件规格模板，以后自动创建的云服务器将按照此模板生成。而伸缩配置就是这个自动创建云服务器的模板，需要定义云服务器的区域、规格、安全组、镜像等信息。

创建弹性伸缩组

1. 创建伸缩配置

第 1 步，进入【伸缩实例】界面。在华为云控制台界面左侧展开图 9-27 所示的服务列表。

图 9-27　服务列表

选择【弹性伸缩 AS】选项，进入图 9-28 所示的【伸缩实例】界面。

图 9-28　【伸缩实例】界面

第 2 步，创建伸缩配置。伸缩配置即扩容服务器时使用的模板，因为本例要采用自定义的私有镜像，所以用于部署该镜像的云服务器的硬件参数应该和生成镜像的源服务器的硬件参数基本一致。

首先，单击该界面右上角的【创建伸缩配置】按钮，进入【创建伸缩配置】界面。如图 9-29 所示，在【计费模式】选项组中选择【按需计费】选项；在【区域】下拉列表中选择【西南 – 贵阳一】选项；名称可自定义，本例在【名称】文本框中输入名称"as-config-discuz"；在【配置模板】选项组中选择【使用新模板】选项。

图 9-29　【创建伸缩配置】界面

其次，下移到选择弹性云服务器规格界面。如图 9-30 所示，此处【规格】选择和项目 8 中论坛云服务器相同的配置，选择【通用计算型 s6】→【s6.small.1】选项，如果担心今后发生实例扩容时所在的可用区下该规格云服务器售罄的情况，则可以在【规格】选项组中多勾选几种规格（通常应该与镜像源服务器配置一样或更高），如本例中勾选了 2 种规格。

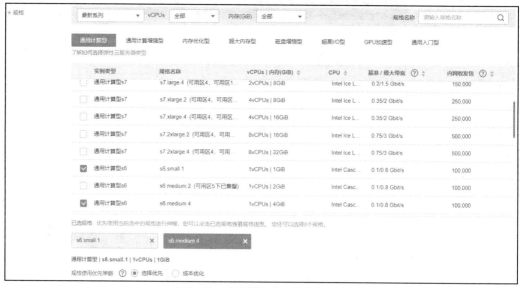

图 9-30　选择弹性云服务器规格界面

当勾选了多种规格时，在【已选规格】下方会出现【规则使用优先策略】选项组，本例选中【选择优先】单选按钮，这样弹性云服务器扩容时将按照选择的规格列表的先后进行优先级排序，即本例会先优先选择名称为"s6.small.1"的规格创建弹性云服务器，当"s6.small.1"规格无法使用时，才使用下一规格进行创建。

> **注意**　由于存在弹性云服务器的某规格在某可用区下已售罄的情况，因此为了避免弹性伸缩创建新服务器失败，在真实应用中建议多勾选几种规格。

下移到设置弹性云服务器的镜像和磁盘的界面。如图 9-31 所示，设置【镜像】为【私有镜像】，并在下拉列表中选择已创建好的私有镜像，如本例选择的私有镜像为"discuz01（40GiB）"；设置【磁盘】为【云硬盘】，并在系统盘下拉列表中选择【高 IO】选项，然后调整系统盘大小为"40"GiB。

图 9-31　设置弹性云服务器的镜像和磁盘的界面

再次，下移到设置安全组和登录方式的界面。如图 9-32 所示，在【安全组】下拉列表中选择之前项目中创建的 sg-web；设置【弹性公网 IP】为【不使用】，这是因为用户使用了弹性负载均衡来控制访问后端服务器，用户直接访问的是弹性负载均衡，因此后端云服务器不需要弹性公网 IP 地址，只需要给弹性负载均衡绑定弹性公网 IP 地址即可；设置【登录方式】为【密码】，在【密码】和【确认密码】文本框中输入自定义的云服务器登录密码。

图 9-32　设置安全组和登录方式

最后，单击【立即创建】按钮，进入图 9-33 所示的【任务提交成功！】界面。

图 9-33　【任务提交成功！】界面

单击【返回伸缩配置列表】按钮，回到图 9-34 所示的【伸缩实例-伸缩配置】界面，在伸缩配置列表中可看到已创建的伸缩配置。

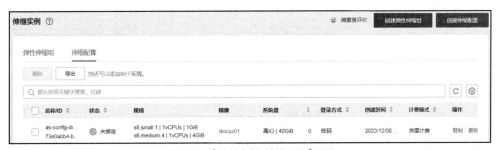

图 9-34　【伸缩实例-伸缩配置】界面

2. 创建弹性伸缩组

弹性伸缩组是遵循相同规则的弹性云服务器实例的集合。弹性伸缩组定义了组内弹性云服务器实例数的伸缩上限和下限及与之关联的负载均衡实例等属性。

首先，单击图 9-34 所示界面右上角的【创建弹性伸缩组】按钮，进入【创建弹性伸缩组】界面。该界面中，期望实例数指弹性伸缩组中初始期望运行的弹性云服务器的台数，不能低于最小实例数，也不能高于最大实例数。弹性伸缩组创建后会立即开始伸缩活动，自动添加和期望实例数数量一致的弹性云服务器。

如图 9-35 所示，在【区域】下拉列表中选择和负载均衡所选的相同的区域，如本例为"西南－贵阳一"；【可用区】列表中已自动选中了该区域下的所有可用区；在【多可用区扩展策略】选项组中选中【均衡分布】单选按钮。"均衡分布"指弹性云服务器扩容时优先保证各可用区下弹性云服务器数量均衡。将弹性云服务器创建在不同的可用区内，可以提高论坛网站的可用性，减少由于某可用区断电或断网等带来的服务器停用风险。

图 9-35 【创建弹性伸缩组】界面

其次，下移到图 9-36 所示的伸缩配置选择界面，单击【伸缩配置】右侧的【＋】按钮，弹出【选择伸缩配置】对话框，如图 9-37 所示，本例选中名称为"as-config-discuz"的伸缩配置。

图 9-36 【创建弹性伸缩组】界面：伸缩配置选择

图 9-37 【选择伸缩配置】对话框

单击【确定】按钮，回到【创建弹性伸缩组】界面，将界面下移，开始选择 VPC、子网、负载均衡，如图 9-38 所示。【虚拟私有云】保持已默认填充的已有的虚拟私有云，如本例为 "vpc-01（192.168.0.0/16）"；【子网】可选择已有的子网，本例选择了 "subnet-01（192.168.0.0/16）"；在【负载均衡】选项组中选择【使用弹性负载均衡】选项，在【负载均衡器】下拉列表中选择已创建的负载均衡器，如本例为 "共享型 | elb-discuz"；在【后端云服务器组】下拉列表中选择已经创建的云服务器组，如本例为 "server_group-discuz"；在【后端端口】文本框中输入 "80"，即论坛应用的服务端口；权重可自定义，本例在【权重】文本框中输入 "1"。

选择伸缩配置作为您创建的伸缩组内伸缩实例的模板；选择子网后将向伸缩组中的每个实例分配IP地址。

* 伸缩配置   as-config-discuz   +

* 虚拟私有云   vpc-01(192.168.0.0/16) ▼   C 新建虚拟私有云 ⑦

* 子网   subnet-01(192.168.1.0/24) ▼   本子网作为云服务器的主网卡

    ☑ 源/目的检查 ⑦

    ⊕ 增加一个子网   您还可以增加 4 个子网   C 新建子网

负载均衡   不使用   使用弹性负载均衡   C 新建弹性负载均衡

    伸缩组中的云服务器会自动挂载到您关联的负载均衡下。

    负载均衡器   共享型 | elb-discuz... ▼   后端云服务器组   server_group-disc... ▼

    后端端口   80   权重   1

    ⊕ 新增一个负载均衡器   您还可以增加5个负载均衡器。

图 9-38 【创建弹性伸缩组】界面：选择 VPC、子网、负载均衡

下移到其他设置界面，如图 9-39 所示，在【健康检查间隔】下拉列表中选择【1 分钟】选项；在【健康状况检查宽限期(秒)】文本框中输入 "60"；其余保持默认配置即可。

图 9-39 【创建弹性伸缩组】界面：其他设置

最后，单击【立即创建】按钮，进入图 9-40 所示的【任务提交成功！】界面。

图 9-40 【任务提交成功！】界面

3. 查看弹性伸缩组

单击【返回弹性伸缩组列表】按钮，回到图 9-41 所示的【伸缩实例】界面中的【弹性伸缩组】列表，此时，在【弹性伸缩组】列表中，可以看到该弹性伸缩组的状态为"已启用"。

图 9-41 【弹性伸缩组】列表

单击要管理的弹性伸缩组的名称，如本例为"as-group-discuz"，进入图 9-42 所示的【伸缩组-概览】界面。由于当前已有实例数为 0，而期望实例数为 2，因此在图 9-42 所示界面右侧可看到"正在进行的活动"中有期望实例数不满足而触发的"增加 2 个实例"的活动。

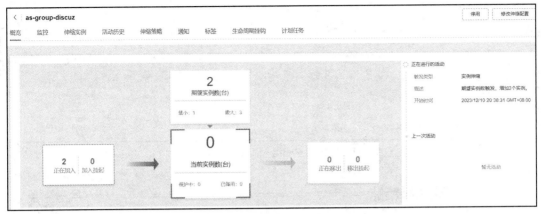

图 9-42 【伸缩组－概览】界面

选择图 9-42 所示界面顶部的【伸缩实例】选项卡，进入图 9-43 所示的【伸缩组-伸缩实例】界面。此时新增的两台弹性云服务器实例的【生命周期状态】为"正在加入"、【健康状态】为"初始化"、【实例加入方式】为"自动伸缩"。

图 9-43 【伸缩组－伸缩实例】界面：正在创建实例

稍做等待后，两台弹性云服务器实例的【生命周期状态】变更为"已启用"，【健康状态】变更为"正常"，如图 9-44 所示。

图 9-44 【伸缩组－伸缩实例】界面：实例状态变更

选择图 9-44 所示界面顶部的【活动历史】选项卡，进入图 9-45 所示的【伸缩组-活动历史】界面，可看到该弹性伸缩组的历史活动，目前该弹性伸缩组经历了一次活动类型为"实例伸缩"的活动。

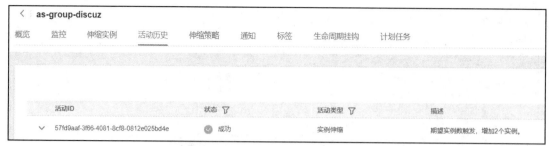

图 9-45 【伸缩组－活动历史】界面

9.3.5 创建伸缩策略

伸缩策略规定了伸缩活动触发需要满足的条件及需要执行的操作，包括"告警策略""定时策略""周期策略"这 3 种，其中"告警策略"可基于弹性云服务器的 CPU、内存、网络流量等监控指标，自动增加或减少弹性云服务器实例，从而实现高可用弹性架构。

创建伸缩策略

1. 创建一个告警策略（扩容）

选择图 9-45 所示界面顶部的【伸缩策略】选项卡，进入图 9-46 所示的【伸缩组-伸缩策略】界面。接下来创建一个扩容策略，实现当监控到云服务器的 CPU 使用率最大值大于等于 60%的时候，自动增加一台云服务器的功能。

图 9-46 【伸缩组－伸缩策略】界面

单击【添加伸缩策略】按钮，进入【添加伸缩策略】界面，如图 9-47 所示，策略名称可自定义，本例在【策略名称】文本框中输入"as-policy-kuorong"；设置【策略类型】为【告警策略】；设置【告警规则】为【现在创建】；告警规则名称可自定义，本例在【告警规则名称】文本框中输入"as-alarm-kuorong"；设置【监控类型】为【系统监控】；【触发条件】可根据需要选择 CPU 使用率或其他监控指标，本例在下拉列表中选择【CPU 使用率】选项，即将【触发条件】设置为【CPU 使用率】，并选择完整触发条件 CPU 使用率的最大值>=60%；在【监控周期】下拉列表中选择【5 分钟】选项；在【连续出现次数】文本框中输入"1"。这就意味着在 5 分钟为一个周期的监控时段内，云主机的 CPU 使用率一旦超过了 1 次 60%就会触发伸缩策略，自动增加云主机来分担压力。接下来设置触发策略后一次增加多少台云主机。

图 9-47 【添加伸缩策略】界面：设置扩容策略

下移到执行动作设置界面，如图 9-48 所示，在【执行动作】的第一个下拉列表中选择【增加】选项，在后面的文本框中输入"1"，在第二个下拉列表中选择【个实例】选项；在【冷却时间(秒)】文本框中输入"60"。这就代表着每次触发该策略将增加 1 个云主机实例，在增加完实例后要等待 60 秒再响应策略的触发，以避免误操作。

图 9-48 【添加伸缩策略】界面：执行动作设置

单击【确定】按钮，告警策略（扩容）创建成功，将获得图 9-49 所示的【伸缩策略】列表。

图 9-49 【伸缩策略】列表

2. 创建一个告警策略（缩容）

单击图 9-49 所示的【伸缩策略】列表中的【添加伸缩策略】按钮，进入【添加伸缩策略】界面，创建一个用于缩容的告警策略，实现当监控到云服务器的 CPU 使用率平均值小于等于 20%时，自动减少一台云服务器的功能。

按图 9-50 所示进行配置，策略名称可自定义，本例在【策略名称】文本框中输入"as-policy-suorong"；设置【策略类型】为【告警策略】；设置【告警规则】为【现在创建】；告警规则名称也可自定义，本例在【告警规则名称】文本框中输入"as-alarm-suorong"；设置【监控类型】为【系统监控】；在【触发条件】下拉列表中选择【CPU 使用率】选项，并选择完整触发条件 CPU 使用率的平均值<=20%；在【监控周期】下拉列表中选择【5 分钟】选项；在【连续出现次数】文本框中输入"1"。这就意味着在 5 分钟为一个周期的监控时段内，云主机的 CPU 使用率的平均值一旦低于 20%就会触发该伸缩策略，自动减少云主机来减少费用。接下来设置触发策略后一次减少多少台云主机。

图 9-50 【添加伸缩策略】界面：创建一个用于缩容的告警策略

下移到执行动作设置界面，如图 9-51 所示，在【执行动作】的第一个下拉列表中选择【减少】选项，在后面的文本框中输入"1"，在第二个下拉列表中选择【个实例】选项；在【冷却时间(秒)】文本框中输入"60"。这就代表着每次触发该策略将减少 1 个云主机实例，在减少完实例后要等待 60 秒再响应策略的触发，以避免误操作。

图 9-51 【添加伸缩策略】界面：执行动作设置

单击【确定】按钮，回到图 9-52 所示的【伸缩组-伸缩策略】界面，可以在该界面的列表中看到告警策略（缩容）已经创建成功，当前伸缩策略共 2 条（一条用于自动增加云主机实例、一条用于自动减少云主机实例）。

图 9-52 【伸缩组-伸缩策略】界面

9.3.6　测试高可用网站

通过上面的操作，图 9-6 所示的弹性负载均衡+弹性伸缩的高可用弹性架构已经构建。目前已有两台安装有 Discuz 服务的弹性云服务器加入弹性负载均衡的后端服务器组和弹性伸缩的伸缩组中。用户通过弹性负载均衡的弹性公网 IP 地址来请求访问 Discuz 服务，再由弹性负载均衡将流量分发到后端云服务器，由某台或某几台后端云服务器处理用户的访问请求。当满足某个告警策略触发条件时，弹性伸缩的伸缩组（同时是弹性负载均衡的后端服务器组）会自动增加或减少弹性云服务器的数量，不需要人工干预。

测试高可用网站

1. 通过负载均衡公网 IP 地址访问网站

（1）查看负载均衡的公网 IP 地址

在华为云控制台界面左侧展开图 9-53 所示的服务列表，选择【弹性负载均衡 ELB】选项。

图 9-53　选择【弹性负载均衡 ELB】选项

进入图 9-54 所示的【弹性负载均衡】界面，在该界面的列表中可看到已创建的弹性负载均衡，如本例为"elb-discuz"，在该负载均衡的【服务地址与所属网络】列中，可看到华为云随机为其分配的公网 IP 地址和私有 IP 地址。

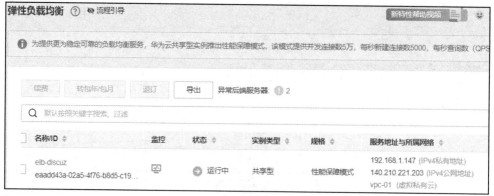

图 9-54 【弹性负载均衡】界面

（2）查看负载均衡的后端服务器

在列表中单击负载均衡实例的名称，如本例的"elb-discuz"，进入图 9-55 所示的负载均衡实例（elb-discuz）的【监听器】界面。

图 9-55 【监听器】界面

在该界面中单击【默认后端服务器组】列中的【查看/添加后端服务器】链接，进入图 9-56 所示的【后端服务器】界面。可看到目前负载均衡后端有两台服务器，而且可以看出这两台服务器是由弹性伸缩组"as-group-discuz"为满足"期望实例数"而自动创建的。这两台云服务器的名称前缀均为"as-config-discuz"，表示这两台云服务器都是以伸缩配置"as-config-discuz"为模板创建的。这两台云服务器的权重相同，表示云服务器被弹性负载均衡分发用户请求的概率相同。

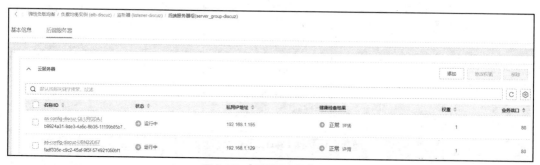

图 9-56 【后端服务器】界面

另外，在华为云控制台界面左侧展开图 9-57 所示的服务列表，选择【弹性云服务器 ECS】选项。在弹出的图 9-58 所示的弹性云服务器列表中，也能看到弹性伸缩创建的两台处于不同可用区的云服务器。将云服务器分布在不同可用区中可以提高论坛网站的可用性，减少由于某可用区断电或断网等带来的服务器停用风险。

图 9-57　选择【弹性云服务器 ECS】选项

图 9-58　弹性云服务器列表

（3）使用负载均衡公网 IP 地址进入论坛首页

将图 9-54 所示界面中负载均衡的公网 IP 地址复制到浏览器的地址栏中并按【Enter】键，即可进入图 9-59 所示的论坛首页。该过程中弹性负载均衡将用户的访问流量分发到后端两台云服务器，当某一台云服务器不可用时，弹性负载均衡会通过健康检查及时发现并屏蔽有故障的服务器，并将流量转发给一台正常运行的后端服务器，以确保业务不中断。

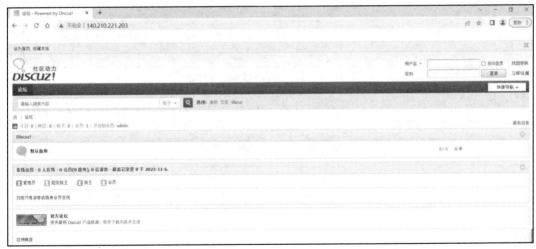

图 9-59　论坛首页

2. 触发告警伸缩策略

（1）触发缩容策略"as-policy-suorong"

选择图 9-52 所示界面顶部的【监控】选项卡，进入图 9-60 所示的【伸缩组-监控】界面，该界面中包含弹性伸缩组内弹性云服务器实例的平均 CPU 使用率图表和实例数图表。实例数由最初的 0 变成了现在的 2，此时 CPU 使用率最大值仅为 1.39%。

图 9-60 【伸缩组－监控】界面

当前 CPU 使用率远低于 20%，将触发缩容策略"as-policy-suorong"并执行其对应的缩容操作，也就是弹性伸缩组将自动减少一个实例。

选择图 9-60 所示界面顶部的【活动历史】选项卡，进入图 9-61 所示的【伸缩组-活动历史】界面，可以看到弹性伸缩组新增了一次实例伸缩活动，新增的活动【描述】为"告警策略触发，减少 1 个实例"。

图 9-61 【伸缩组－活动历史】界面

选择图 9-61 所示界面顶部的【伸缩实例】选项卡，进入图 9-62 所示的【伸缩组-伸缩实例】界面，在该界面的列表中可以看到现在只留下了一台云服务器。此时仍然可以使用弹性负载均衡的公网 IP 地址打开论坛网站，但只由剩下的这一台云服务器来处理用户的访问请求。

图 9-62 【伸缩组－伸缩实例】界面

再次选择图 9-62 所示界面顶部的【监控】选项卡，进入图 9-63 所示的【伸缩组-监控】界面，可以看到实例数已经由 2 下降为 1 了。

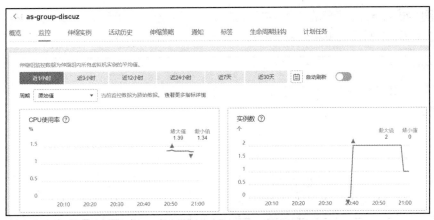

图 9-63 【伸缩组－监控】界面：实例数下降为 1

（2）触发扩容策略 "as-policy-kuorong"

当用户访问量增加、服务器繁忙时，如图 9-64 所示，在【伸缩组-监控】界面中可以看到 CPU 使用率最大值达到了 100%，达到扩容策略 "as-policy-kuorong" 的触发条件，弹性伸缩组开始自动增加一个实例。

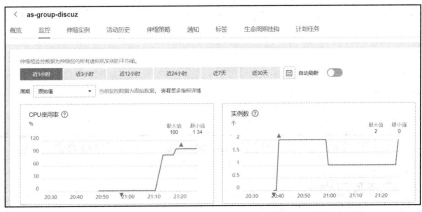

图 9-64 【伸缩组－监控】界面：CPU 使用率最大值达到了 100%

选择图 9-64 所示界面顶部的【活动历史】选项卡，进入图 9-65 所示的【伸缩组-活动历史】界面，可以看到扩容策略 "as-policy-kuorong" 已经触发，弹性伸缩组正在进行伸缩活动，新增的活动【描述】为 "告警策略触发，增加 1 个实例"。

图 9-65 【伸缩组－活动历史】界面：扩容策略已经触发

选择图 9-65 所示界面顶部的【伸缩实例】选项卡，进入图 9-66 所示的【伸缩组-伸缩实例】界面，可以看到一个新的实例正在加入弹性伸缩组。

图 9-66 【伸缩组－伸缩实例】界面：新的实例正在加入弹性伸缩组

新增实例的【健康状态】很快由"初始化"变更为"正常"，如图 9-67 所示，此时客户的访问又将通过弹性负载均衡在两台云服务器间分发。

图 9-67 【伸缩组－伸缩实例】子界面：新增实例的【健康状态】变更为"正常"

9.3.7　云资源回收

云资源回收

学习完本项目后，为避免占用公有云资源而产生不必要的费用，可删除公有云平台中的相关资源以完成资源回收。建议首先删除弹性伸缩组（需要先停用弹性伸缩组，再删除弹性伸缩组，删除弹性伸缩组的同时将删除通过弹性伸缩组创建的弹性云服务器）；接着删除弹性负载均衡；最后删除自定义的私有镜像。

1. 删除弹性伸缩组

（1）停用弹性伸缩组

在【弹性伸缩组】列表中，单击弹性伸缩组的【操作】列中的【停用】链接，如图 9-68 所示。

图 9-68 【弹性伸缩组】列表：停用弹性伸缩组

在弹出的图 9-69 所示的【停用伸缩组】对话框中，单击【是】按钮，即可停用弹性伸缩组。

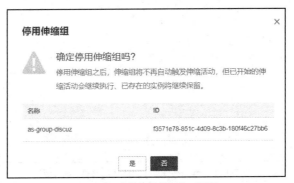

图 9-69 【停用伸缩组】对话框

（2）删除弹性伸缩组

在【弹性伸缩组】列表中，选择弹性伸缩组的【操作】列中的【更多】→【删除】选项，如图 9-70
所示。

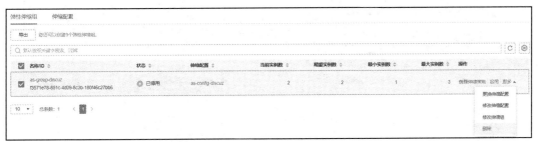

图 9-70 【弹性伸缩组】列表：删除弹性伸缩组

弹出【删除伸缩组】对话框，如图 9-71 所示，在该对话框的文本框中输入"DELETE"，再单击【确
定】按钮，即可删除弹性伸缩组。

图 9-71 【删除伸缩组】对话框

2. 删除弹性负载均衡

在【弹性负载均衡】界面的弹性伸缩组列表中，单击【操作】列中的【更多】→【删除】选项，
如图 9-72 所示。

图 9-72 【弹性负载均衡】界面中的弹性伸缩组列表

弹出【确认删除以下弹性负载均衡器吗？】对话框，如图 9-73 所示，勾选【释放该负载均衡绑定的弹性公网 IP，如不释放可能会被其他资源绑定继续计费。】复选框，在该对话框的文本框中输入"DELETE"，单击【是】按钮，即可删除弹性负载均衡。

图 9-73 【确认删除以下弹性负载均衡器吗？】对话框

3. 删除自定义的私有镜像

选择华为云控制台中的【服务列表】→【弹性云服务器 ECS】→【镜像服务】→【私有镜像】选项，可查看【私有镜像】列表。如图 9-74 所示，选择私有镜像右侧【操作】列中的【更多】→【删除】选项。

图 9-74 【私有镜像】列表：删除私有镜像

弹出【删除镜像】对话框，如图 9-75 所示，在该对话框的文本框中输入"DELETE"，再单击【确定】按钮。

图9-75 【删除镜像】对话框

最后，再次检查弹性云服务器、云数据库和弹性公网 IP 地址等资源是否已经全部删除，在前面项目中已经介绍过删除的方法，这里不赘述。

9.4 项目小结

弹性负载均衡是一种基于网络的负载均衡技术，它通过将网络流量分配到多台服务器上，来实现更高的可用性和可靠性；弹性伸缩是一种自动伸缩技术，它可以根据应用程序的负载情况，自动增加或减少服务器的数量，从而实现更高的性能和可靠性。本项目中，使用华为云平台中的弹性负载均衡和弹性伸缩服务实现了论坛网站的高可用弹性架构，使读者了解到业务上云在安全性上的优势。

项目小结

在云计算领域，弹性负载均衡可以与云存储、云数据库和云服务器等一起使用；弹性伸缩可以用于云存储、大数据处理等场景。在未来的发展中，弹性负载均衡和弹性伸缩将会更加完善与普及，为企业和用户带来更多的便利及价值。

9.5 项目练习题

1. 选择题

（1）负载均衡主要用于（　　）方面的应用。
    A. 数据存储　　　　B. 网络性能优化　　C. 服务器管理　　D. 网络安全
（2）弹性伸缩的主要作用是（　　）。
    A. 自动扩展或缩小服务器资源以适应负载变化
    B. 根据用户需求自动分配服务器 IP 地址
    C. 在多台服务器之间平衡负载
    D. 根据应用需求自动调整存储容量
（3）下列属于华为云伸缩策略的是（　　）。
    A. 告警策略　　　　B. 定时策略　　　　C. 周期策略　　　D. 以上都是
（4）在使用弹性伸缩时，需要考虑的因素有（　　）。
    A. 服务器的性能瓶颈　　　　　　　B. 网络拓扑结构
    C. 应用程序的特性和需求　　　　　D. 以上都是

（5）可以与弹性伸缩结合使用的技术是（　　　）。

    A. 弹性负载均衡　　　B. 虚拟化技术　　　　C. 容器化技术　　　　D. 以上都是

2. 填空题

（1）在负载均衡中，_____负责监听负载均衡器上的请求，根据配置的流量分配策略，分发流量到后端云服务器进行处理。

（2）通过_____，负载均衡器可以识别客户端与服务器之间交互过程的关联性，在实现负载均衡的同时，保持将其他相关联的访问请求分配到同一台服务器上。

（3）本项目中，负载均衡器会将客户端的请求转发给_____处理。

（4）负载均衡器会定期向后端服务器发送请求以测试其运行状态，通过_____检查来判断后端服务器是否可用。

（5）通过弹性伸缩，可以_____应用程序的性能和可靠性，同时_____管理成本。

3. 实训题

在【北京四】区域中创建弹性负载均衡和弹性伸缩，为弹性伸缩组创建定时策略和周期策略。